服装设计师通行职场书系

品牌鞋靴产品策划

——从创意到产品

赵 妍 著

U0352040

中国纺织出版社

内 容 提 要

　　本书根据作者的经验总结了鞋类产品从人员设备的准备、主题策划、产品设计、生产准备、到销售分析预测以及包装展示的全部过程。本书提供了大量的实际案例资料和图片，并提供了作者在工作中遇到的问题和解决的方法，对于读者了解真实的产业工作情况有非常直接的作用。

图书在版编目(CIP)数据

　　品牌鞋靴产品策划：从创意到产品／赵妍著 .—北京：中国纺织出版社，2012.8
　　（服装设计师通行职场书系）
　　ISBN 978-7-5064-8561-6

　　Ⅰ.①品…　Ⅱ.①赵…　Ⅲ.①鞋—产品开发　Ⅳ.①TS943.7

　　中国版本图书馆 CIP 数据核字（2012）第 071991 号

策划编辑：刘晓娟　　责任编辑：宗 静　　责任校对：余静雯
责任设计：何 建　　责任印制：何 艳

中国纺织出版社出版发行
地址：北京东直门南大街6号　邮政编码：100027
邮购电话：010 — 64168110　传真：010 — 64168231
http://www.c-textilep.com
E-mail:faxing@c-textilep.com
北京千鹤印刷有限公司印刷　各地新华书店经销
2012年8月第1版第1次印刷
开本：710×1000　1/12　印张：13
字数：135千字　定价：42.00元

前言

本书写作的最初目的是希望根据笔者对鞋靴产品设计与生产过程的了解，总结出一套鞋靴品牌开发过程的标准程序。然而在写作的过程中笔者发现，由于鞋靴产品的种类繁多，生产程序各不相同，开发手段也是多种多样，要想总结出一套适合所有鞋靴产品的标准开发程序是几乎不可能的。但是，虽然不同种类鞋靴产品策划的细节不完全相同，但整体的思路和过程是基本相通的，因此本书的写作是基于笔者对大部分鞋靴产品的开发程序的了解，求同存异，以案例的形式对整个鞋类产品策划过程进行的总结性介绍。希望能够为不同需求的读者提供有关鞋类产品策划的有用信息和资料。

作为一名鞋类产品设计的初学者，通过本书不仅可以了解鞋类产品开发策划的全部过程，为自己的学习做一个整体的认知和规划，也可以根据书中介绍的产品设计和生产方面的内容进行深入的学习。

作为一名有意投资鞋类产品的企业主，可以通过本书了解到鞋类产品开发所需要的人员配置、设备购置以及周边产业交流的情况。

作为任何一名从事鞋类产品生产的相关人员，都可以通过本书了解到其他相关部门的工作内容和特点，以此作为互相沟通的基础，更好地推进工作的进行。

由于本书作者的经验有限，再加上鞋类产品开发技术的日新月异，本书不可避免存在不足之处，敬请各位读者指正。

本书为浙江省教育厅项目（Y200806003）课题成果。

目录

第一章

品牌鞋靴产品策划的内涵

在众多的服装起源学说当中有一种叫做身体保护说。这种学说认为，服装的起源是人类为了适应气候环境或为了使身体不受外物伤害，而从长年累月的裸态生活中逐渐进化到用自然的或人工的物体遮盖和包裹身体。

——李当岐《服装学概论》

如果这种学说成立，那我们是否可以大胆地假设，鞋是人类在艰难险阻的跋涉中最先用来保护身体的发明呢？

在今天，鞋这种服饰产品已经远远超出人们对于保护的需求，承载了越来越多的内容。鞋产品设计开发也不再是徒承师业的传统手工技艺，而成为一个复杂的系统化工程。

本书就根据鞋类产品开发过程中所涉及的内容，与大家一起探讨和分享其中的知识经验和感受。

第一节
品牌鞋靴产品策划机构设置

　　一双鞋的设计制作可以由一个人来完成，一个鞋靴品牌产品的策划就需要很多人，分成很多部门共同协作来完成。从广义来讲，鞋靴产品策划机构应该包括设计部门、营销部门、样品制作部门、采购部门。这个产品策划机构应该是一套完善的设计管理系统，而不仅仅是一个个独立运行的部门。

　　所谓完善的现代设计管理系统就是要设立一些相关的部门，同时设立艺术总监职位，由艺术总监统筹管理这些部门。将公司的形象宣传、产品开发、卖场展示、销售方式等作为一个统一的系统进行运作。由此提升品牌形象、确立消费者对品牌的认知方向，进而达到促进销售的最终目的。从图表可以看出这个设计管理系统几乎涉及整个企业运营系统的每一个部门，这在我国传统的鞋类企业职能架构中并不常见。的确，要想创建一个成功的时尚产业，设计艺术应该是无所不在的渗透于企业的每一个角落。

一、艺术总监的必要性

　　在这个管理系统框架中我们看到，艺术总监几乎处于与企业所有者平级的地位。在许多成功的时尚品牌中，艺术总监通常是作为企业主的合作者出现（或者由企业主本身担任），这样的安排能够给艺术总监一个充分的权限进行全局的统筹管理，并且有几点好处。

　　第一，将设计理念贯通始终的执行下去。每一个设计理念从雏形到样品，从样品到产生销售效益，都需要几个部门合作才能完成，而如果每个部门的工作

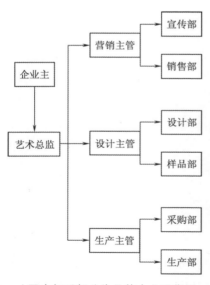

（图中加重部分为品牌企业现代设计管理系统的内容）

目标都不接轨，那么必然在合作的过程中产生不可融合的矛盾，最终的产品也必将与最初的设想大相径庭。在这种情况下，艺术总监就要决定是放弃一点经济利益满足设计的完整性，还是适当地调整设计内容以节约开发生产成本。类似的这些决定都会在企业日常运营中不断发生，而每一个决定的执行，都会对企业的形象和效益在长久以往的发展中起到决定性的作用。

第二，用一个系统的艺术氛围将几个部门融合在一起。给非设计部门创造良好的艺术氛围，让其员工有参与设计工作的感受，从而调动员工的积极性，同时还能提高非设计部门工作内容当中的创造性，产生意想不到的效果。

第三，将几个原本各自独立的部门在时间上进行统筹管理，减少各部门之间安排工作所产生的冲突，进而节约时间，而节约时间就等同于节省成本，抢占商机。

二、各部门与设计部门的关系

首先来分析一下营销部门的设置与艺术总监的关系。营销部门通常包括销售和宣传两个部门。宣传部门的工作主要包括广告、橱窗和卖场的布置等。这些工作都是设计系统中重要的部分，绝对不能脱离设计内容凭空完成。有时候我们会看到一个将目标消费者定位于中年消费者的品牌选择了代表青年消费者形象的名人作为广告代言人。这种宣传的结果使中年消费者看到广告认为产品是给青年消费者提供的，而青年消费者却在该品牌的货架上找不到适合自己的产品。这种宣传工作与产品设计工作的脱节造成的后果是相当严重的，而艺术总监这个职位的设置就能够在产品宣传策划的最初很好地避免这种错误的产生。另外，卖场的布置、橱窗展示的设计都与产品设计是一脉相承的。卖场的布置要根据每一件产品的特性以及其在本季产品中的位置决定。通常设计师在完成一件产品设计工作的同时已经对该产品的定位有了一定的设想，所以如果展示人员没有与设计部门的沟通，仅凭自己对产品的理解，很可能将主推款式摆放在次要的位置，而突出了并不讨好的产品款式。在这种情况下，由艺术总监统筹的设计管理工作就是将两个部门的工作在统一理念的前提下进行运作，杜绝这种

Hermes（爱马仕）2011春夏高级成衣发布会中鞋靴等配饰类产品占相当大的比重。

品牌Trippen的系列产品。

由于部门分工所产生的不必要的宣传错位和销售损失。

销售部门的工作看起来与设计似乎没有什么相关的联系，实际上不尽然。在传统企业中，每季产品的生产数量通常都是由销售部门根据以往的销售情况来确定的，这种仅凭销售数据的反映来决定产品种类的方式是不可取的。举个简单的例子，某公司的设计部门设计了一个系列的产品，其中有比较夸张的，我们称其为超前款，有比较普通的，我们称其为基本款。销售部门会根据上一季度的销售情况分析得出，超前款销售情况不理想，而基本款销售不错，于是在订购新季产品的时候大量地缩减了超前款的种类，加大了基本款的订货量。这样简单的增减是非常不科学的。如果进行比较详细的调研报告，我们有可能发现，大部分消费者在卖场选择商品的时候，首先试穿的是超前款，而最终选购了基本款。于是我们得出结论，超前款产品起到的作用是吸引顾客的眼球，形成良好的销售氛围，保证产品定位的高度。不能因为其销售状况不理想就全盘否定其作用，简单地减少出货种类，以基本款代替。但是，却可以适当减少订货数量来解决货品积压的忧虑。由此看来，销售部门与产品设计部门之间千丝万缕的联系，对销售的影响是非常大的。要想既保证公司产品的形象定位又保证销售的业绩，还需要两个部门不断地沟通交流。艺术总监所处的位置应该能够很好地解决两个部门工作性质之间的矛盾，并且在产生矛盾的时候，由公司大局考虑出发，作出利于全盘货品销售的决定。

其次，我们分析一下样品部门与设计部门的关系。在以上的现代企业设计体系的设置中我们看到，样板师是与设计师一样设置在设计部门当中的。这是因为样品部门的工作实际上是设计的一部分。这是设计产品的普遍特性决定的，尤其是鞋类产品的特性更加要求设计师与样板师的紧密合作甚至融为一体。当然最理想的状态为设计师与样板师为同一个工作者，能够独立完成整个开发程序，但是目前行业内普遍遇到的问题是设计师不具备打板能力，样板师不具备良好的艺术素养。基于此，比较好的解决方式为，一个设计师与一个样板师组合成工作组，两个人共同完成设计、打板以及样品制作的全部工作。具体到实际工作内容应该设置为：首先，设计师与样板师共同完成鞋楦的开发工作，然后由设计师完成款式设计、楦上画款、帮面和内里材料选用、工艺说明等工作，这样就确定了新产品的基本状态。其次，由样板师完成鞋楦调整、样板的制作、样鞋制作以及辅助材料的选用等步骤。然后，由艺术总监、设计师、样板师共同审核样鞋的完成情

品牌鞋靴产品策划——从创意到产品

4

况，确认样鞋的款式设计、舒适度、材料使用、成本等相关内容，进入到调整阶段，最后完成产前确认样品。在整个开发过程中，设计师与样板师虽然各自分工明确，但是却需要不断地交流想法，不能各自为政。总之，设计师与样板师是共同完成设计开发工作，缺一不可。

最后，我们必须要探讨一下采购部门与设计部门的关系。在很多传统的企业当中，采购部由于涉及成本控制问题通常受到高层管理者直接管理的部门。以往我们经常遇到的情况是：设计师根据款式设计的情况选择了材料，采购部门询价后发现超出预算，于是决定选择其他材料代替。这样做的确控制了成本，但是却有可能破坏了产品的设计属性，极大影响了销售，反而造成了利润上的损失，得不偿失。那么在这种情况下，如果有艺术总监站在公司全局的角度，来判断是降低成本还是保持设计风格，就能够避免由于降低成本而产生的产品质变乃至销售积压，或者由于选料不当产生的成本过高问题。

总之，艺术总监的职位设立以及由此产生的现代设计管理体系，不仅有利于提升公司品牌的形象，同时能够将设计部门的工作与其他部门的工作进行良性整合，节约成本、促进销售。

⬆ 著名鞋设计师Jimmy Chou（周仰杰）和他的作品。

⬆ 新锐设计师Marloes Ten Bhomer和她的作品。

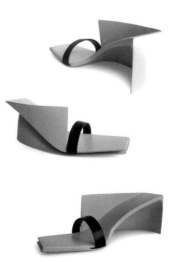

第二节

品牌鞋靴产品策划人员设置

在战略层面，统筹全局的政策方针任务以及议程已定——设计必须与之相关。

在战术层面，团队、流程、系统、功能进入到了运作阶段。

在实施层面，设计使产品、服务、体验获得增值——项目的执行与流程是能为用户所真正"接触"到的。

——Sean Blair的《创意精神（Spirit of creation）》

任何品牌产品的设计工作都无外乎以上提到的战略层面、战术层面和实施层面的设计三个层次的内容。鞋靴品牌产品的设计也不例外。根据图表我们得知，在战略层面的设计主要由企业主、艺术总监、营销主管共同参与完成。在这个阶段，主要完成的内容有品牌风格走向、确定产品开发、设计、宣传、营销等大方向的策略制定。战术层面的设计主要由艺术总监领导，主设计师实施完成。这部分的主要工作内容有根据公司品牌的定位组织设计部门进行产品的开发策划案拟定；设定鞋靴产品设计全过程的设计流程。实施层面的设计主要由主设计师和设计师完成。这部分的工作包括鞋靴产品的款式设计、面料选择等具体内容。

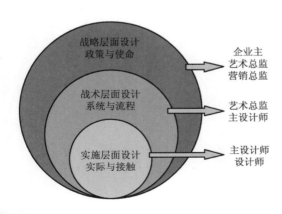

根据公司的不同情况，对各种职位的具体要求也略有不同，但总体内容如下。

一、艺术总监的工作职责

艺术总监直接对企业主负责，管理公司产品设计开发相关的全部内容。根据需要配合其他部门的工作。

（一）制订品牌风格走向，确定产品开发、设计、宣传、营销等策略和计划表

1. 组织市场调研，分析国内外时尚流行趋势，确定本公司产品开发主题方向。

2. 根据营销部门反馈的市场信息和消费者动态，准确掌握客户需求，并以此为参考制订产品开发方案。

3. 根据企业和品牌的整体发展战略，确定年度产品发展目标、策略和市场计划，并根据企业发展需要制订产品延伸的针对性计划。

4. 参与其他与公司产品设计或企业形象设计的各项工作。

（二）组织设计部门进行产品开发

1. 根据公司品牌的定位、形象、风格等组织设计部门进行产品的开发及样品制作。

2. 根据公司品牌特点和产品架构设定设计部门的分组及工作职责。

3. 拟订品牌产品开发设计的时间计划。

（三）外部联系及关系维护

1. 协调部门的内外关系。

2. 参与组织年度订货会，设计展会风格。

3. 负责客户和供应商的培养和沟通。

（四）负责部门内部管理

1. 组建产品设计团队，并拟定人才梯队培养计划。

2. 负责员工队伍建设以及人员的培训、考核。

二、主设计师的工作职责

主设计师直接对艺术总监负责，管理部门内设计师的工作安排，根据上级要求完成产品开发预测、调研、设计等具体工作。

（一）接收工作，内部沟通

1. 与艺术总监良好地沟通年度和季度产品的开发计划，充分掌握公司品牌风格走向。

2. 对部门内设计师传达公司设计计划安排。

3. 开展市场调研，分析服装设计款式、面料、色彩等方面的流行趋势，并形成汇报资料。

4. 与市场部门、销售部门和客户进行需求沟通，以销售部门所提供客人反馈意见作为参考，并主动与销售部门沟通，尽量多了解客人心理动态，为设计开发产品积累信息。

（二）组织鞋靴产品设计

1. 根据公司要求，独立设计鞋靴产品。
2. 对部门内设计师分配设计开发任务，协调人员关系。
3. 负责保证所开发的产品生产工艺科学合理。
4. 负责样板、样鞋、制鞋工艺技术等内容的审核确认。
5. 拟定鞋靴产品设计工作流程，并监督执行。

（三）外部联系

与合作的供应商和加工商沟通设计要求，使之明确本公司的设计意图。

由于设计人员本身的个体差异，他们对于设计、风格、概念的理解和表达也存在很大不同，因此在设计工作中要尽量减少传导过程。就是说，当艺术总监和营销主管以及企业主在完成当季产品的整体主题策划和产品架构等大方向性的内容后，要及时并直接地传达给设计部门的每个工作人员。不能由设计总监传达给主设计师，再由主设计师传达给设计师，以此类推（主设计师对于设计师和设计助理有一定的工作内容的安排和管理职责，但不应该具有设计指导责任）。艺术总监在平时的工作中也要尽量与每个设计师直接沟通，避免信息传导多层化从而对信息的准确性产生误导和破坏。

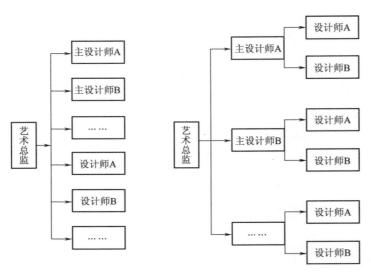

设计性工作分工示意　　　　　事务性工作分工示意

三、设计师的工作职责

（一）接收工作，内部沟通

1. 从主设计师处接收工作内容，按照公司计划按时完成设计任务。

2. 根据主设计师的意见对设计产品进行调整。

3. 有效指导设计助理完成其工作内容。

（二）鞋靴产品设计

1. 根据公司要求独立完成鞋靴产品设计图以及系列产品设计，清晰表达设计细节。

2. 需要时能独立完成款式画楦的步骤，为样板师提供确切的指导。

3. 设计新工艺时能够与样板师良好地沟通，明确表达设计意图，协助工艺师完成新工艺的尝试。

（三）对外联系

1. 能够根据设计需要进行附件材料的寻找、采购及整理。

2. 与供应商和加工商联络，完成辅料配件的设计制作和外加工产品的设计沟通。

此外，样板师、工艺师、试鞋模特儿等都是设计部门的人员组成部分。

⬆ Terra Plana公司推出的"裸鞋"Dopie。

第三节
品牌鞋靴产品策划的流程与内容

　　品牌鞋类企业的产品策划具有一套完整的程序和内容。这套程序是整个设计过程的指导书，是设计师遵循的核心原则，是工作完成内容的体现。其内容主要包括：时间计划、流行调研、灵感主题、色彩架构、面辅料架构、产品架构、产品设计。品牌风格和产品定位是在品牌建立之初就已经完成并设定好的内容，根据时代的不同会有所调整，但通常不会突然有太大变化（除非整个品牌改变风格），以免流失固有客户。

一、时间计划

　　大部分公司的时间计划是根据产品上市是时间采取后推式来计算的。即根据产品上市时间，结合以往经验，计算出每部分工作所需要的大致时间，反向推导出整个过程所需要的总体时间。据此设定的计划基本能够满足工作的时间需求，但要充分考虑很多因素的不确定性，以免措手不及。另外，时间计划要与各相关部门充分沟通，为与各部门的合作制订协同计划。

2009年度工作时间计划表

项目	工作计划	2008年 12月	1月	2月	3月	4月	5月	6月	7月	8月	9月	10月	11月	12月
	订货会				秋鞋		冬鞋			春鞋			凉鞋	
	产前准备				秋鞋		冬鞋			春鞋				凉鞋
	生产周期						秋鞋	秋鞋	冬鞋	冬鞋	冬鞋	春鞋	春鞋	春鞋
	配发期								秋鞋		冬鞋			
鞋	开发周期	秋鞋	秋鞋	秋鞋	冬鞋	冬鞋	冬鞋	春鞋	春鞋	春鞋	凉鞋	凉鞋	凉鞋	
	产品企划案	秋鞋			冬鞋			春鞋			凉鞋			
	大底、楦开发	秋鞋	秋鞋		冬鞋	冬鞋		春鞋	春鞋		凉鞋	凉鞋		
	面辅料开发		秋鞋			冬鞋		春鞋			凉鞋			
	制板、样鞋、定板	秋鞋	秋鞋	秋鞋	冬鞋				春鞋	春鞋	凉鞋			
	第一次看样				冬鞋	冬鞋	冬鞋				凉鞋	凉鞋	凉鞋	
	第二次看样			秋鞋		冬鞋			春鞋			凉鞋		
	定样				秋鞋		冬鞋			春鞋				凉鞋

(某公司鞋类产品开发生产销售时间计划表)

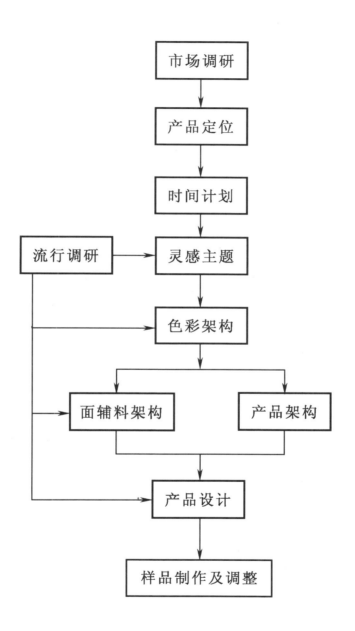

鞋靴产品开发流程图

二、流行调研

　　时尚品牌要想受到大众的认可就必须考虑流行元素的重要性，不能一味追求特立独行，与众不同。流行元素的搜集是产品设计之前重要的工作环节之一。充分考虑流行元素与本品牌产品设计之间的关系，取其精华，为我所用，能够为产品开发确保一定的消费者认可度。同时对于流行元素的应用也要慎之又慎，避免随波逐流，丧失品牌精神。

SHEARLING TRIMS

MATERIAL

Footwear with shearling trims and linings offers cozy warmth while maintaining fashion appeal.

Clogs, hikers and rugged workboots in distressed leather or suede / Used for lining, collar trim or decorative detail (flap closure) / Fold-over styling for casual wear

　　国内外许多媒体都会通过自己掌握的各种资讯将一段时间内的流行元素进行分析整理，并在自己的媒介上发表，供设计师或消费者参考。图为某资讯网站根据各知名品牌2011年冬季新品而总结皮毛一体材料为流行元素。

三、灵感主题

在设计师开始当季具体工作之前，艺术总监要根据自己对于时代特点、流行趋势等信息的分析和判断，结合营销部门提供的市场预测等信息，制订出每个季节的主题。主题是品牌表达其自身社会意识的手段；是品牌与消费者沟通的话题。主题能够提供给设计师灵感来源，让设计师有据可循；也是把握设计方向的标杆。有的品牌坚持一个主题始终不变，给消费者经典持久的印象；有的品牌主题随着潮流发展，每年或每季度调整，不断给消费者带来新的概念；也有的品牌在坚持主题风格不变的情况下，根据流行趋势每年推出新的概念吸引消费者。总之，主题是品牌产品开发的重要内容，是具体设计工作真正开始的第一步。

主题可以是具象的物体，也可以是抽象的概念。主题的确定通常由一个或多个对设计师有启发作用的灵感源而来。艺术总监将总结成文字的灵感源概念或图片提供给设计师，作为开展当季工作的依据。

⬆ 图为西藏主题的灵感图片与文字说明。西藏的风土人情、建筑装饰以及色彩等给设计师提供了丰富的设计元素，使其产生强烈的设计冲动，因此被选为一系列产品的设计主题。

四、色彩架构

色彩架构来源于主题，是主题概念的体现形式之一，是品牌鞋靴产品开发不可缺少的内容。一方面，色彩能够体现品牌风格，区别季节产品的差异性；另一方面，产品开发前进行色彩架构对于设计师选择面料、辅料等也具有重要的指导作用。色彩架构要体现出当季产品每个上市阶段的色彩比例，这样能够对于产品卖场的展示具有良好的辅助作用，也能够促进销售。色彩架构包括色彩范围、色彩比例、色彩搭配以及色彩上市时间计划等内容。

色彩架构的确定要参考专业机构的流行色预测、销售地区消费者的色彩偏好、本公司近年来的热销颜色等。

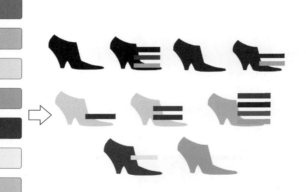

根据西藏主题的图片，设计师提取出部分颜色，根据一定的搭配方式，组合成为该系列设计的色彩架构。

五、面辅料架构

鞋靴产品的面料和辅料都是主题的重要表现形式，也是重要的设计手段。鞋靴产品的面辅料包括帮面材料、鞋底材料、鞋跟材料及配件等内容。由于鞋靴产品的面辅料在整个产品所占比例相当，因此都是十分重要的因素，在策划面辅料架构时都要充分加以考虑。否则一个小小的材料就有可能影响整个设计。

六、产品架构

鞋靴产品架构的主要内容是要确定本品牌当季要开发的产品种类有哪些。产品架构的确定对于设计工作的分工、加工商和供应商的选择以及销售分配等都有指导性的作用。

产品架构的确定可以分几个层次：第一层次是产品风格、季节、性别等信息；第二层次是关于消费者的年龄、地区、价位区间等信息；第三层次是关于楦形、底跟材料、跟高、工艺等信息。产品架构基本上融合了产品开发所需要的所有信息，是设计师的指导手册。产品架构清晰明了的情况下，设计师能够有目的地设计出符合要求的产品。

七、产品设计

在主题和架构都确定以后，款式设计的工作就要开始了。这就相当于前期工作搭好了房屋的框架，设计就是砌砖的工作了。因此，好的设计师不仅能够完成砌砖的工作，更应该是搭房梁的好手。鞋靴产品设计相对于其他服饰产品更加注重产品的舒适度，要严格符合人体工学的原理。因此，好的鞋靴设计师也应该具备多年的实践经验，要对生产技术有深刻了解。

⬆ 按款式设定的面料架构。

⬆ 按系列产品设定的面料架构。

⬆ 产品架构设置的层次是灵活可变的，每个公司都可以根据自身的特点设定。例如，德国品牌Trippen的产品架构是根据鞋底的造型为第一层次的要素进行设定。

⬆ 法国品牌Balenciaga（巴黎世家）2009年产品。

第二章

信息收集与整理

  在开发新一季产品之前，整个产品开发部门需要进行一系列信息资料的收集工作。这是一项长期不间断的工作，在整个新产品开发的过程中需要设计开发系统的工作人员花费大量的时间和精力来完成。

  现代社会充斥着大量良莠不齐的信息，时尚信息更是由于互联网的普及和时尚媒体的遍地开花而变得有些扑朔迷离。因此，如何准确而快捷地筛选出能为本品牌服务的信息资料就成为开发部门的主要工作内容。信息筛选的过程其实就是对于流行的预测过程。预测准确就能够成为把握市场潮流的弄潮儿，预测失败就将承受严峻的市场考验。

  作为一名鞋靴产品设计开发人员，必须了解和熟悉在众多的信息渠道和媒介中具体有哪些是能够为自己的工作提供更有效帮助的。

第一节
收集信息的渠道

一、时尚发布会

每年世界各大时装中心都会根据季节发布最新高级时装和高级成衣的流行趋势。在这些发布会中，大部分以服装为主要内容，其中鞋靴、包袋、首饰等服饰品作为辅助内容出现；也有的发布会是以服饰品为主体而召开的。例如，法国品牌Fendi（芬迪）等以箱包皮具起家的品牌发布会中，箱包、鞋类等传统强势产品占有相当大的比重，往往超过其服装产品的势头。无论是高级时装还是国际知名鞋靴品牌的发布会，都对全球时尚的热点有一定引导作用，都是世界各地鞋类设计师借鉴参考的重要信息渠道之一。另外，还有相当大一部分的鞋靴定制品牌选择与服装品牌合作，推出自己的设计产品。例如，巴黎高级鞋履坊Massaro的主人也选择如此。为了将拥有近80年历史的制鞋工艺传承下去，Massaro在2002年加入CHANEL（夏奈尔）旗下，为CHANEL高级定制服系列和高级手工坊系列设计样本鞋，并同时与Christian Lacroix、John Calliano、Gianfranco Ferre、Olivier Lapidus、Thierry Mugler、Azzedine Alaia等品牌合作。

对于这些发布会的内容，作为一名品牌鞋靴的设计师，应该适度地、有分析的借鉴其设计方法、色彩搭配、材料处理等方法性的内容，切不可照搬照抄袭款式等表面化的东西。尤其是作为品牌鞋靴产品的设计师，一味简单的抄袭不但不能帮助本品牌提升产品的设计水准，反而会因为抄袭而破坏产品之间的差异性，打乱本品牌产品风格的一致性。更有甚者因为抄袭的原因而引起消费者对本品牌的不信任，从而影响品牌的声誉。

事实也证明鞋靴类产品的抄袭是不可行的。国内有些厂家有时会买来国外品牌的产品直接复制，这是错误的方式。且不说存在版权的问题，从技术角度来讲也是难以实现完全复制的。首先，依靠鞋靴实物进行的楦型的复制是非常不准确的。无论多么有经验的技师对于鞋楦的复制都会存在相当程度的差异。根据图片对于鞋楦的复制更是难以把握。另外，鞋靴款式设计的复制也会因为样板师的技术手法、生产工艺的不同甚至样板的放量而产生一定的差异。同时，缝制工艺、皮料厚度、工人操作习惯等都是产生鞋靴外观差异性不可避免的因素。鞋靴产品的复制极易演变成邯郸学步的笑料。因此，作为品牌鞋靴的设计师还是应该将精力更多地放在研究国内消费者的消费习惯、提高自身审美能力和设计素养上来，设计出优秀的、适合国内消费者的产品。

⬆ Fendi 2009 春夏成衣发布会，其中有大量的服饰品。

二、流行趋势预测机构

国内外一些权威的流行趋势预测机构，每年会根据调查研究结果发布一年或更长时间以后的流行信息预测。根据专业领域的不同，其预测的内容也不尽相同，主要包括时尚主题预测、色彩预测、款式预测、纺织品预测等。

International Color Authority (国际色彩权威)，简称ICA，成立于1966年，总部位于英国伦敦，是世界领先的色彩趋势预测机构。ICA的色彩研发成员具有丰富的国际经验，每年两次聚集，讨论下一季色彩流行趋势。ICA一般提前24个月发布对男装、女装、运动休闲、室内家居等时尚领域的色彩预测报告。作为权威的色彩组织，ICA受到国际贸易中心(由世界贸易组织和美国贸易发展会议联合成立的组织)的肯定，其提供的高度契合市场趋势的预测成为专业人士的重要参考资料。

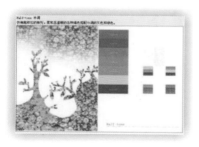

参考权威的预测机构的信息发布，能起到事半功倍的作用。

中国地区比较有影响力的预测机构有天津市纺织装饰品工业研究所、中国纺织科学信息研究所等。通过该机构出版的期刊——《国际纺织品流行趋势》，每年发布从流行色、纱线、面料、辅料及时装和纺织品设计以及市场营销等全方位流行资讯，为国内的纺织服装领域专业人士提供专业的设计资讯。主要以男装、女装、运动休闲装进行栏目划分，每个栏目涵盖当季的高级时装与高级成衣发布，到提前一年的色彩预测、面料预测、款式预测等分栏，贯通服装设计生产全过程，并且有资讯报导和深度分析的综合信息栏目，及时传递新产品、新技术、行业动向、市场和品牌动态等信息。

目前专门针对鞋靴的流行趋势发布机构几乎没有，但是以上提到的流行预测机构对于色彩和面料（其中包括皮革和其他可用于鞋靴产品的面料）的预测都是有价值的信息。尤其是鞋靴品牌具有与服装的搭配性，决定了作为鞋靴设计师对于纺织服装材料流行趋势的关注将大大有助于对于鞋靴产品的设计开发。

企业可以根据自身的需要对这些信息改造后应用或者直接用于产品开发生产。对于这些预测机构提供的信息如何进行筛选利用，企业可以根据每个品牌的不同需要而定。而且国内外的预测机构针对的地区消费者的不同会在很大程度上影响预测机构的判断，导致各个预测机构预测结果的不尽相同。有些企业认为国外的预测就是好的，花大量经费购买国外流行预测机构预测的色彩款式，拿回来生产，结果国内的消费者并不买账。这就是因为预测机构针对的国家地区不同产生差异而导致的，因此要根据本品牌消费者的地区分布状况而选择预测机构。

三、展览会

全世界很多国家和地区都会定期或不定期地举办相关鞋类的各种展览会。其举办的目的各不相同，形式也是多种多样。有的以推销本国鞋类品牌、扩大销售范围为目的，有的则以宣传最新生产技术、机械设备为主；有的针对本地区，有的涵盖全世界。全世界知名的鞋业皮革展览会有几十个，面对这么多的展会每个公司都不可能全部参加，因此了解每个展会的主旨以及本品牌的需要就成为各公司参与之前必须探讨的问题了。

以下是几个国际知名的鞋类展览会。

德国杜塞尔多夫国际鞋类展览会（GDS, International Shoes Fair in Duesseldorf, Germany），是世界上著名的专业鞋展之一，也是欧洲地区规模最大的鞋类博览会之一。该展会在欧洲著名的杜塞尔多夫国际展览中心举办，每年举行两次，分别在春秋两季送出本年最新的鞋类信息。GDS每年的展出面积超过12万平方米，共设有13个展馆，每次展会要展出超过3000个潮流款式、来自50多个国家、丰富齐全的各类型的鞋以及制鞋材料等。大量品种齐全的商品满足了不同消费者的需求。GDS成交效果较好，大约有70%的观众，其中大部分为高层决策者，都会在GDS展览会下订单。

美国拉斯维加斯春秋季国际鞋类展览会（WSA—Worldshoe Association），是全球最具影响力、历史最悠久的专业鞋展之一，每年2月和8月于美国著名旅游观光城市拉斯维加斯举行。展出内容为皮鞋、运动鞋、登山鞋、沙滩鞋、足球鞋、拖鞋、塑料鞋、皮革制品、皮带、皮包等。该展仅对专业人士开放，买家主要是美国及周边国家特别是南美洲的鞋业批发商和零售商。中国出口鞋中近70%销往美国，着眼美洲市场的中国企业都不会错过这个大展。

俄罗斯莫斯科国际鞋类展览会(MOSSHOES—Moscow Gostiny Dvor)，是世界上著名的专业鞋展之一，是东欧地区规模最大的鞋类博览会。该展会每年分4季展出，在位于距克里姆林宫仅150米的艾姆哥蒂展览中心举办，展出面积达6000平方米，有来自20多个国家及地区的300余家参展商参展。MOSSHOES在东欧鞋业界起着引领市场时尚、代表潮流趋势的作用，为中国对俄贸易的鞋类商人提供了不少最新的款式信息。

意大利加达（Garda）春/秋季国际鞋展(Expo Riva Schuh)，是世界上著名的专业鞋展之一，也是欧洲地区规模最大的鞋类博览会之一。该展览会自1962年开始举办，每年春、秋两季在意大利著名的旅游胜地——维罗纳国际展览中心举办。该展览会每年两届，共设4栋展馆，每栋展馆4~5层。该展仅对专业人士，包括销售代表和业务经理开放，每届到会客户较多，成交效果较好，不仅履约率高，而且成交价格高于中国进出口商品交易会（广交会）。最近一次展会上，来自32个国家近900家参展企业展出1700个国际品牌。其中47%为意大利本地参展商，53%为国外企业，国际化程度较高。展出产品以时装鞋、女鞋、凉鞋、拖鞋、休闲鞋、童鞋为主。

- 第十三届中国服纺织成衣展(CHINA FASHION FAIR)(2009年9月2日至04日)
- 2009 2009波兰波兹南时装周时装周(2009年9月4日至06日)
- 巴黎国际成衣展 PRET A PORTER PARIS(2009年9月4日至07日)
- 2009年9月 巴黎国际时装周(2009年9月4日至07日)
- 德国科隆国际体育用品展览会(2009年9月6日至08日)
- 2009年9月 巴黎国际面料展 TEXWORLD(2009年9月14日至17日)
- 2009法国巴黎国际展展览会(2009年9月14日至17日)
- 2009法国巴黎国际面料展|2009法国巴黎国际面料博览会(Texworld)(2009年9月14日至17日)
- 2009年美国拉斯维加斯假时扎展展(2009年9月15日至17日)
- 2009年德国科隆国际儿童用品展(2009年9月17日至20日)
- 俄罗斯纺织服装工业/俄罗斯服装(莫访)面料/辅料(2009年9月22日至25日)
- 2009俄联邦轻工劳动设备展览会(2009年9月22日至25日)
- 第33届俄联邦国际纺织服装展(2009年9月23日至26日)
- 2009美国国际家用纺织品展(2009年美国面料辅料提供展)(2009年9月30日至02日)
- 第九届埃及纤维纱线面料、家用纺织品、服装及辅件展(Egytex 2009)(2009年10月4日至06日)
- 2009年第42届香港国际成衣及时装材料展 interstoff(2009年10月8日至10日)

许多网站为我们总结了大量的展会资讯，也会有一些介绍性的文字，但是往往要自己参加过才知道该展会是否适合本公司的信息需要。

另外，根据本公司产品特点，还可以根据需要有针对性地到各种轻工纺织类的展览会中搜索需要的信息与材料。

中国地区的皮革鞋类相关展会主要有香港、上海、广州、温州等地。

参加展览会的目的主要有：第一，了解最新的皮料、底料、辅料等信息，收集感兴趣的材料样品，初步了解其生产加工方式以及加工厂商的大致情况，留存联系信息，以便日后联络；第二，收集各种加工厂商的信息，了解其工厂的生产能力和特点，初步探讨合作的意图，留存联系信息备用；第三，了解最新的制鞋设备和技术，初步了解其特点，收集该技术完成的成品或半成品的样品，展会后再详细探讨是否适合本品牌产品的需要。另外，展会上还有一些计算机辅助设计开发、国内外资讯出版商等展位，他们提供的某些内容也会对我们收集信息具有一定帮助。国内有的企业每年参加一些国外的展览会，拍摄大量的鞋靴款式图片作为开发的依据。这里要再次说明，如果仅是作为色彩搭配、技术了解等信息的需要尚可接受，如果是简单的款式抄袭是万万不可的。

由于产业发展的需要，在中国广东、温州、福建等鞋类产业发达的地区形成了庞大完善的辅料市场。这些市场被称为永不落幕的展览会。在市场发展需要的驱动下，每家辅料供应商都在不断地开发新产品，这些新产品往往能够给设计师提供意想不到的设计灵感。因此，在产品开发工作开始前，定期到这些市场进行信息收集是设计师非常重的工作内容。

永不落幕的展览会，时常给我们惊喜。

中国国际皮革展 All China Leather Exhibition

展会上提供的新技术、新产品、新原材料都是很好的信息来源。

四、媒体信息

　　媒体对于消费者的影响是不容忽视的。消费者阅读什么样的时尚杂志、看什么报纸以及浏览什么样的网站都对他们消费习惯的产生具有很大的影响。尤其是一些杂志开办的服装服饰搭配栏目，给很多消费者提供了着装指导，对于消费者的消费有引导作用。作为设计师，在收集信息的同时一定要了解对消费者产生影响的各种媒体，通过媒体了解消费者的消费需求。

　　1. 时尚刊物：通常鞋类产品与箱包等皮具产品结合在一起构成皮具类刊物。这类刊物主要提供最新的鞋靴和箱包等饰品的款式图片、设计手稿、制鞋技术、皮料底料辅料新产品以及流行预测等信息。这类刊物主要有意大利的*ARS*、*ARPEL*、*Collezioni Accessori*、*BOX*，法国专业鞋款杂志*L'Officiel*，我国台湾配饰流行趋势先锋*BRAND*，日本时尚潮靴杂志*the boots life*，俄罗斯专业潮流鞋款杂志*obyBb CYMKN*，以及中国内地的《精彩鞋帮》等都属于这类杂志。另外，大部分时装类刊物也都留有一定的版面或特刊介绍鞋包首饰等内容，如*ELLE*、*VOGUE*、*FASHION CHINA*等。除此之外，由于鞋类产品的技术应用型较强，所以还有一些刊物重点在于探讨皮革技术创新、制鞋生产技术探讨等内容，对于鞋类的生产和设计也有很大的帮助，这类刊物主要有《中国皮革》、《北京皮革》等。

有的杂志每年定期将各品牌的产品图片进行编辑后原封不动地发布出来，不加任何评论，给阅读者提供大量的资料。

有的杂志对各品牌的产品进行分门别类，并通过一定的文字说明将这些产品介绍给读者，希望能够通过杂志编辑的分析引导阅读者的判断。这样的分析虽然对一般读者有一定指导性作用，但对于专业设计师来讲参考的价值不高。也有一些杂志由于经济利益的需要，会根据广告客户的要求发布一些产品的流行趋势预测，使得一些并不具有流行价值的信息对阅读者产生误导的作用。因此，作为专业的设计师，一定要对接触的信息进行有判断的接受。

2. 网站：大部分时尚媒体网站都会留有一定的版面介绍鞋靴等时尚配饰类产品。比较常用的有www.style.com，www.firstview.com等，部分网站采取有偿服务的形式，缴纳一定的费用可以得到更多第一手资料。

这类网站会及时发布国际著名时尚品牌的发布会信息，并且将鞋靴、箱包、首饰等作为细节分类介绍，方便读者根据需要查询。此类信息集合式网站非常多，有的也会根据读者的需要进行编辑，组合出各种时尚的搭配方式，以引领消费。

五、本公司情况分析

了解了国内外鞋靴产品开发相关的信息媒介之后，在资料收集这部分内容中还有一个重要的部分是不容忽视的，那就是本公司产品的情况分析。应该说，以上提到的信息大部分都是间接的资料，而本公司的销售状况是最直接地反映本品牌目标消费者的信息的。因此，对于本公司产品的销售状态的分析是最具有代表性、最具有可信性、最值得我们深入探讨的信息来源。

为了分析上年同期的鞋靴的销售状况我们通常要召开一个会议，会议由设计总监主持。参加人员包括销售部、设计部、采购部和技术部的相关人员。每个部门组织提供的信息如下：

（一）销售部

提供上年同期鞋靴产品的销售数据，并且提供分析结果。主要的分析内容包括：

1. 分析所有产品中销售最好的3~5款和库存最高的3~5款。

2. 畅销和滞销的颜色分别为哪些。

3. 南北地区对于鞋子款式、色彩、尺寸的消费差异。

4. 是否存在穿着不舒适的问题，产品用料是否产生脱色、断裂、开胶等质量问题。

5. 由一线销售人员收集整理的顾客意见等。这些信息都会对新一季产品的设计开发产生重要的辅助作用。

（二）设计部

提供上年同期春季鞋靴产品的主题文字、配色方案、皮料辅料样品题板，所有款式及全色的样品鞋，试穿模特儿，并且指出在上一个季度的设计中遇到的尚未解决的问题。除此之外，设计部更多的是记录各部门提供的资料，与各部门探讨相关问题，为下一个季度的产品开发做准备。

（三）生产技术部

生产技术部门需要提供的主要内容有：

1. 本公司生产能力、生产特点分析，指出本公司技术水平的改进、新设备的添置、擅长生产的产品特点等。这样做的好处是能够让设计部人员根据本公司的生产能力进行产品设计开发，充分利用现有资源，最大限度地发挥本公司的生产能力。

2. 提供上年同季度生产中遇到的由于款式设计而造成的生产延误、技术难关等信息，与设计部门交流，以在新季度的设计中尽量避免出现相同的问题，间接地提高生产数量和质量。

3. 提供公司现有原材料和半成品的库存情况，供设计部借鉴。例如，有些皮料上年度有一定量的剩余，那么设计部就可以考虑在新一季产品的开发中根据情况将库存应用到新款式当中，从设计的角度尽量减少库存压力。

（四）采购部

采购部需要提供的信息对设计开发新产品也非常重要。例如，目前市场哪些材料的采购比较快捷方便，哪些材料处于不再生产的阶段，哪些材料处于饱和的状态、价格相对低廉等。设计开发部可以根据这些信息选择合适的面料作为开发的依据，也可以避免与大部分厂家的产品产生重复的现象。例如，Gucci（古驰）在2007年推出渐变色的皮料产品后，国内市场快速跟进，导致该品种的皮料充斥市场，虽然价格低廉，采购方便，但是考虑到本品牌所追求的产品独特性等因素，设计开发部虽然对该皮料很感兴趣，最后仍然决定放弃开发相关产品。采购部掌握的信息对新产品开发以及后续生产的影响是不容忽视的，因此采购部门的信息收集也属于整体设计体系中的重要环节。

这个会议既可以叫做季度开发销售总结会，也可以作为新季度产品开发信息交流会，其中包括设计、生产、销售等很多方面的内容，以上段落中所提到的仅为该会议中与设计部门进行新产品开发相关的内容。总之，这个会议的召开是对本公司所掌握的最直接的信息资料的分析和总结，这些资料比以上所提到的其他的信息渠道要更直接、更可信、更具有针对性，是作为企业所有者和设计师必须潜心研究分析的最好的资料来源。

	款号	销量	色 码 比
畅销款	639810	9	色码比：10#:54#:90#=2:1:6　尺码比：35:36:37:38:39=0:6:2:1:2 本周为侧柜出样，以店员推荐为主，与635109搭配试穿的成交率低，基本为单件消费，较多顾客喜欢自主搭配
	638725	6	色码比：10#:54#:90#=3:2:1　尺码比：35:36:37:38:39=1:3:6:3:0 销量基本和上周持平，顾客对店员推荐与639812、635121款成套搭配销售较好，各销2件
	639809	5	色码比：10#:41#:54#:90#=0:3:1:1　尺码比：35:36:37:38:39=1:5:6:3:1 本周为模特儿出样，带动了销量，顾客对41#的接受度较54#高
	631208	5	色码比：10#:40#:50#=2:2:1　尺码比：35:36:37:38:39=0:3:6:3:2 前期销售不理想，本周根据天气情况，在正面点挂展示结合店员推荐，销量上明显，与635119和631103搭配均有销售
	635119	4	色码比：20#:60#:80#=1:2:1　尺码比：35:36:37:38:39=1:6:6:3:2 631208款的成套销售带动了该款的销量
滞销款	639817	0	色码比：54#:30#=0:0　尺码比：35:36:37:38:39=1:0:0:1:0 上柜时销量一般，相对54#销量略好，普遍反映版型偏小，当地顾客对色块拼接的设计接受度低
	636727	0	色码比：40#:60#=0:0　尺码比：35:36:37:38:39=0:0:0:0:0 上柜至今无销量，顾客的试穿率低，反映款式厚重，较烦琐
天气状况			本周天气以阴天为主，时而有小雨，气温为18~28℃左右，比较闷热
促销活动			商场活动：（1）中国移动金鹰特别折扣活动，凭移动短信可享受8.5折；（2）满300元送80元券 其他品牌：德诗、朗姿、柯利亚诺、卡迪黛尔、米欧尼、MustBe、卡利亚里参加商场（1）活动； 德诗、朗姿、卡利亚里、卡迪黛尔参加商场（2）活动
卖场陈列			本周点挂更换为631208 50#+635109 20#+63980850+631125 40#；侧模出样调整为：635109+639809+631110均有销售，后期对专场实际情况随时进行调整；正模用浆果色系进行陈列639809、635120和635117、639812、631111系列浆果色均有销售；这周店员对平底鞋类进行自主推荐，顾客兴趣不大，销量不明显，后期关注其销售状况
其他分析			本周业绩8.6万，较上周上升34%，完成10月份指标46.2% 　1. 因商场的促销活动力度较大，带动了客流的上升，本周业绩上升明显，顾客试穿后的成交率高。因新顾客较多，成套销售较以往有所下降 　2.（1）因天气较热，顾客消费以凉鞋的款为主，平底凉鞋和中跟类的需求上升，故秋二波的销量由上周的22%上升到本周的36%。而秋四波则下降3%，销量占31% 　（2）休闲鞋类销量与上周持平，各款动销相对较均匀，鞋类因改变陈列，顾客的关注度较高，销量好于前期；针对上周全口类鞋无销量的情况，本周要求店员根据顾客的特点和穿着状态对634225和634724两款作重点推荐两款均有销售，下周继续跟进 　3. 本周消费顾客共62人，占进柜率60%；其中外地客流占40%，成套销售比率与上周同比上升6%；本周收集顾客信息卡反馈表18张，一次性消费满3000元的顾客共3人。从销售跟进统计情况看还需加强店员引导客群成套消费能力 　4. 朗姿、卡利亚里、卡迪黛尔因参加商场推出的两项促销活动，故本周的业绩较平稳

某公司鞋靴产品销售分析

第二节

样品资料的收集与整理

一、样品的收集

了解收集信息的渠道后，接下来就是收集资料了。对于图片资料，我们可通过网站下载、拍摄照片、杂志订阅等方式收集；对于实物资料（样品）收集就要费一番工夫了。尤其对于鞋靴产品来讲，由于很多工作都是环环相扣的，没有样品，很多工作就无法进行下去。

样品的收集对于款式设计、技术革新、新材料的应用、工艺改进等都有重要的影响。因此，收集样品是一项长期的积累工作，在设计开发生产的任何一个环节都要坚持不断地进行。

通常我们需要收集的样品根据鞋子的组成部分而定，包括鞋底材料、帮面材料、辅料等。

鞋底材料样品可以在各种展览会的展位上索取。这种情况下通常是展览者将自己研制开发的新产品制作成材料小样，分发给参展的客户，有的样品因为制样品准备数量不足，我们也可以与供应商提出意向，他们通常会留下我们的联系方式，展会后制作好样品邮寄给我们。对于成型底样品，如果我们需要成双的1：1尺寸样品，一般初次合作的情况下就需要给供应商付一定的样品费用。有的样品因为存在新的设计，可能样品费要远高于产品的实际价格。如果仅是供应商已有的样品，那么只需要付样品的成品价格就可以了。

另外，我们还可以到专业的鞋材市场购买鞋底材料样品。真皮底材可以购买整张或半张皮料，根据需要自己裁切。橡胶片底也要整张购买，每张大概可制作几双到十几双鞋底。如果是成型底通常需要与供应商预定，2~3天可以拿到样品。如果是需要自己设计开发的成型底，就需要提供设计图稿、设计说明、材料、颜色等资料，供应商会根据我们的需要制作样品，一般需要一到两个星期左右的开发制作时间。成型底的样品通常都是36码，这是多年来商家之间达成的默契，这种默契让供应商和生产商能够很好地配合彼此的工作。

当然，如果我们有设计想法，也可以直接与经常合作的底厂联络，根据我们的要求进行开发制作，数量和颜色等都可以根据我方要求来完成。通常在展览会上我们可以遇到来自世界各地的供应商，他们除了在展台上会展出自己公司最具特点、最擅长的产品外，还会准备大量的样品册。样品册中会有公司历史、产品的种类、特点等信息的介绍。最重要的是里面会分门别类地附上其产品的真实样品，设计人员可以根据这些皮料的真实样品寻找设计灵感，从而选择该皮料作为生产用皮，这也是皮料生产商制作样品册的主要目的。但是制作样品册是需要投入一定的成本的，所以展览商并不会随意分发样品册。当我们遇到感兴趣的样品时就需要与对方公司的人员进行沟通，介绍本公司的情况，取得对方的认可，才有可能拿到样品册。相比较来讲，在皮料市场上索取样品就容易得多，通常皮料市场上的商家都会准备大量的样品和现货。如果我们需要小块样品他们通常都会很乐意剪给我们，因为有人索要样品就意味着可能存在的商机。如果有必要，还可以购买大块的样品皮料，供我们制作样品鞋而用。但是无论是展览会还是皮料市场都不可能应有尽有，有时候我们需要的皮料很难在现有的资源中找到，就要寻求熟悉的皮料供应商针对我们的设计需要而进行特别的开发。通常这种样品的开发需要很有经验的设计师与对方的技术人员进行沟通，说明我方的需要。当然这样的开发是要付给皮料厂家一定的开发费用的，而且一定要根据皮料的自然大小购买。

鞋靴辅料包括鞋带、缝线、拉链、饰扣、特殊材料等。通常这些材料的供应商都会制作样品册，在上面标明产品型号、尺寸、材料、色彩、工艺等相关信息，同时附上产品实物样以供选择。

另外，由于现在网络技术的普遍应用，很多厂家拥有自己的网站，并将公司最新的产品信息在网上公布。因此，当我们手中的样品册等信息不能满足需求时，我们也可以到该公司的网站上寻求合适的产品。当然在确定订货前，还是一定要依据实物样品做判断。

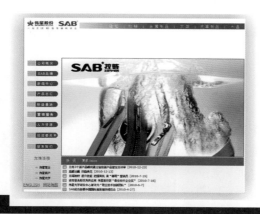

二、样品的整理

样品的整理也是设计部门工作的一个重要内容。在我们的实际操作过程中就曾经出现过千辛万苦找到的材料，由于各部门之间无序借用，导致样品及相关信息丢失，最后不得不更换代用材料。因此，样品的整理与管理也是非常重要的一个工作环节，而且由于鞋靴产品的特殊性，其样品的整理也要根据情况而定。

如果是材料样品，如皮料、橡胶片材料等，要裁成适当的小块，根据收集时间地点进行编号，贴在卡纸上，设计部门、技术部门和采购部门各一份。虽然样品是同样的，但各部门需要的信息是不同的。在给生产技术部的资料中要包含样品材料数量、技术指标等信息，给制作提供技术支持。而在给采购部的资料中则要包括生产厂家、联系电话等信息，以便需要的情况下采购货品。

如果是成型底样品或鞋跟等只有一份的样品，那就要留存在设计部门以供随时参考，同时在给其他部门的样品卡上贴上该样品的照片和编号等信息，这样其他部门就了解到该样品的存在，并且知道在什么地方调用。此类样品有余量的情况下，就交给生产部门的样品室保管，以便制作样品时使用。

还有一种样品也需要特别的注意，就是产品开发过程中的鞋靴样品。由于鞋靴在样品制作的过程中需要不断进行各种调整，因此每款鞋都会产生一定数量的样品，这个样品是非常重要的沟通工具，设计师与样品制作人员要根据每一板样品的情况进行交流，把样品调整到最佳状态，因此这些样品鞋和每一板的调整信息都要很好的保存记录下来。具体操作是这样的（如图）：每一款样品鞋都要在固定的位置标明制作时间和板次，同时附上调整信息，有时候调整信息较多，就需要另外附上一份完整资料，并且要一式两份，在设计部和生产部分别留存。因为涉及新产品信息保密的问题，样品鞋只在设计部和样品室之间流转，不能外借。

根据上面的分析我们了解到，样品整理与管理不是简单的材料罗列，而是一项信息的收集、整理与管理工作。这些信息都是设计生产过程中时刻依赖的元素，因此不能忽视，要有专人负责，这样才能保证信息准确的保存和有效的传达。

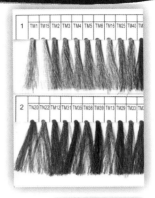

三、相关产业的沟通

鞋靴产业是一个需要上下游产业和企业间高度合作的行业。这个行业可以细分到几十个单独的生产单位。其涉及的材料包括皮革、金属、橡胶、塑料等几乎所有轻工业材料，也涉及金属锻造、硫化灌注、纺织等多种工艺手段。正是由于制鞋行业涉及的产业比较多的这个特点，导致大部分企业无法独立完成鞋靴产品的生产，只有各相关行业密切合作，才能生产出一双鞋靴产品。

以左侧上图为例，整只鞋子使用的是橡胶材质一次性注塑的工艺完成的；中图使用的是EVA大底、注塑内底以及橡胶材料的帮面结合完成；下图则使用橡胶注塑大底和塑料注塑鞋跟结合皮革缝制帮面完成。这三款鞋子，从帮面到鞋底到鞋跟，使用的材料不同，生产工艺不同，完成形式也不同。因此在鞋靴行业中，大部分企业都是专注于生产一种或几种近似材料及工艺的产品。即使比较大型的生产企业，也只是将重点放在某一种类鞋靴产品上下游供应产业的拓展，而不是横向发展多条生产线。这样一来，如果有某个品牌某个季节的产品架构涉及的工艺并非本公司生产线所能完成，就一定要寻求与其他工厂的合作了。

鞋靴产业间的合作性也表现在生产的过程中。在我国广东、温州等鞋靴产业链比较发达的地区，鞋靴生产所需的各个步骤都有独立存在的加工商可以协助完成部分工作，如鞋楦、鞋底、鞋跟、鞋带、鞋扣甚至样板缩放、设计打板、帮面缝制。有时候一双鞋要经过十几个厂家的共同合作才能完成最终的生产。

在鞋靴样品的制作过程中，设计开发系统的工作人员少不了要与各个供应厂商进行沟通交流，因此保持好的行业间的沟通是十分必要的。行业间的沟通主要有以下内容。

1. 信息资料的交流。鞋靴产品开发设计方需要不断地了解各个辅料供应商的生产技术和开发能力一级新产品等信息，不断沟通交流取得及时的第一手信息。辅料供应商也要了解客户的产品特点、生产方式等信息，针对不同的客户提供样品，并建议适合的生产工艺。

2. 样品的制作及调整。有些鞋子的部件可以在供应商已有的产品中进行选择，但有些部件只能针对该款式专门开发。例如，已有鞋楦的鞋底开发就需要根据鞋楦的样式和尺寸由鞋子设计方提供设计图稿，由鞋底生产厂进行样品的制作。这其中的沟通工作是非常重要的环节。沟通得顺畅，能够产生优秀的设计作品，节省大量的时间；沟通出现问题，则对整个开发过程都是不利的。

作为设计方，提供清晰、准确、标准的（根据供应商的要求）设计图稿和文字说明是非常重要的。在此基础上，经常性的电话和面对面的沟通都是必不可少的。作为辅料供应商，在遇到任何不清楚的问题时都要及时与设计方交流，切不可自作主张。双方都应该对沟通的事项进行信息保存，尤其是涉及设计款式、材料、价格等变化的内容，有利于日后可能出现的争端问题的解决。

3. 产品生产过程的监督和检验。产品生产过程的沟通就是产品的生产监督检验（Quality Control）的过程，在此不做过多的说明。但是要提出一点，有时由于各种原因生产方需要对产品进行一定的修改和调整，在调整前一定要得到生产委托方设计人员的修改认可。

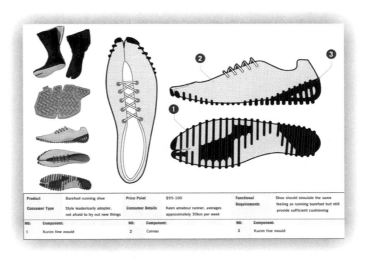

第三章

产品设计

　　创意是生产作品的能力，这些作品既新颖（也就是具有原创性，是不可预测的），又适当（也就是符合用途，适合目标所给予的限制）。

　　Robert J.Sternberg and Todd I.Lubart，"The Concept of Creativity：Prospects and Paradigns，" in Robert J.Sternberg，Ed，Hand Book of Creativity（Cambridge：Cambridge University Press，1999）转摘自《赖声川的创意学》赖声川著，中信出版社，2006，9。

　　鞋类产品的设计就是赖声川的创意设计理念的充分体现。要想设计好的鞋类产品，就一定要有新颖的创意，同时具备可穿的适当性，符合穿着需要所给予的限制。

第一节
单款产品的设计

一、设计要素

　　服装产品的设计要素主要有款式、面料、色彩三个方面。而鞋靴产品的设计要素主要分为五方面。鞋楦、款式——分为帮面和底跟两个部分、面料、色彩构成了鞋靴产品设计的五个组成要素。在做设计工作的时候要从这几个因素开始考虑，并且充分地表现各自的特点。

　　每个设计要素在鞋靴产品的设计开发中都具有独特的表现力，同时也具有不同的技术要求。

　　1. 鞋楦可以说在五个元素中起到至关重要的作用。鞋楦的外观造型决定了设计产品的风格走向，鞋楦的种类也决定了工艺的使用。因此在鞋类产品设计时，首先要考虑的元素就是鞋楦，鞋楦也是流行要素中变化最明显的元素之一。

　　2. 帮面的设计是鞋靴产品重要的元素之一，也是比较容易变化的要素。但是在进行帮面设计时，一定要注意帮面与底跟之间的搭配，不仅是材料上的搭配，也要注意工艺上的搭配。

　　3. 底跟也是很重要的设计元素之一。尤其在运动鞋和凉鞋的设计当中有时候扮演着第一要素的重要职能。

　　4. 面料这一要素在鞋靴设计中可以分为面料、里料、辅料三大类，由于鞋靴产品本身不大，任何材料的应用都会对整体观感产生比较大的影响，因此在设计中不仅要重视面料的使用，也要同样重视里料和辅料的使用。

　　5. 色彩是所有设计产品的重要元素。鞋靴产品的色彩应用既符合产品设计的色彩搭配普遍原则，也具有一定的独特性。

　　以上的五个设计要素是鞋靴产品设计的重点，掌握好每一部分的设计原理和方法对于每一个致力成为优秀鞋靴设计师的人来说都是必备的能力。

　　对鞋楦造型的设计需要非常精准的数据支持，因此鞋靴产品设计师在进行鞋楦造型调整的时候一定要与专业人士进行细致的沟通。

二、设计方法

每个设计要素在鞋靴产品的设计开发中都具有独特的表现力，同时也具有不同的技术要求。

（一）鞋楦的设计方法

鞋楦的造型决定了设计产品的风格走向，因此在鞋类产品设计的时候首先要考虑的元素就是鞋楦的造型。由于鞋楦的造型是受到人脚造型的限制的，由于这个因素的存在，导致鞋楦的设计不能只考虑创意个性，而是要将设计想法建立在符合穿着要求的基础之上。对设计师来讲，鞋楦的造型设计主要集中在楦头的部位和整体感觉上。楦头的设计可以从侧面造型和正面投影两个角度考虑，当然鞋楦是一个立体的结构，即使侧面造型和正面投影看上去一样，楦头表面的弧度、角度等因素的不同也可能造成很大的差别。因此在进行鞋楦造型设计时一定不能纸上谈兵，必须在鞋楦实物的基础上进行开发和调整。

鞋楦是一个立体的设计因素。每个设计师对于鞋楦的造型的理解都有不同程度的差异。通常圆头鞋楦给人可爱、轻松的感觉；尖头鞋楦给人时尚、性感的感觉；方头鞋楦给人冷峻、严肃的感觉。在各种风格之间调整，找到最合适的造型就是设计师要掌握的能力。

在符合相关数据的情况下，设计师可以根据风格要求，对鞋楦的造型进行少许调整，主要可以通过打磨和塑料颗粒粘加等方式进行二次塑造。调整后的鞋楦可以先制作简单的款式试穿，经过试穿人员的意见反馈，经过几次调整，确认不会再有舒适度问题后，才能据此制作排样和批量产品。

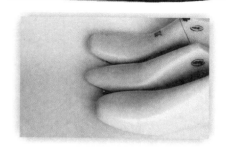

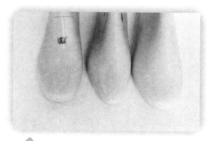

⬆ 鞋楦头部的不同造型。

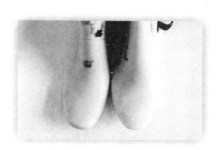

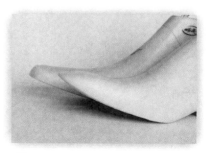

⬆ 俯视看起来相近的鞋楦，侧面造型却截然不同。

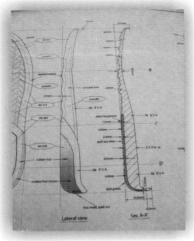

Lateral view　　Sec A-A'

（二）底跟的设计方法

不同生产工艺对于鞋底跟设计的要求也不同，由于制鞋工艺的千变万化导致设计也不一而同，本文仅对一些有代表性的底跟设计进行分析。

可以用来做底跟的材料有真皮、橡胶、TPR、金属、EVA发泡等，由于这些材料的特点，导致生产工艺也不相同，在设计时综合须考虑材料和工艺的特点。否则不仅设计不能实现，即使勉强实现了设计想法也还有可能造成质量问题。

鞋底跟的设计需要设计师时时刻刻考虑技术与艺术的结合。

运动鞋的鞋底大多数采取模具铸造的工艺。这种工艺要求设计师绘制非常精致准确的模具设计图稿，因此对设计师的计算机制图能力要求也比较高。设计师既要能精准绘制设计图，又要能够结合品牌的风格主题等表达设计概念。

Nike（耐克）的air系列产品在鞋底的设计上加入了气柱这一元素。不仅在外观上看起来有特点，而且在功能上有了较大的突破，为消费者提供了可以缓冲震动的功能，成为年轻人追捧的热销产品。由于运动鞋底的工艺复杂，有时又是宣传的主要卖点，因此鞋底设计变成设计师、工艺师、营销团队的共同关注点，很多时候这些设计也是由设计师和工艺师共同合作才能完成。

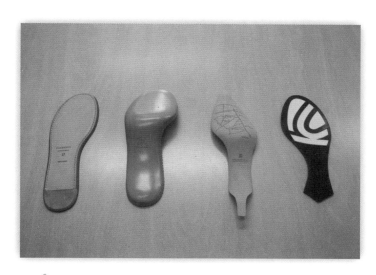

⬆ 皮鞋的底和跟有很多种结合的方式，因此设计方法也不同。图片中分别为不同工艺产生的设计效果。左起第一个为TPR切割，边沿缉明线；第二个为真皮定型；第三个为橡胶材料激光镭射图案；第四个为两色皮料镂空后对接。这四种鞋底都需要搭配鞋跟。对于这类鞋底的设计，不仅要提供设计的造型和图案等，还要指明使用的工艺。

⬆ 鞋底的设计还应该包括内底的设计。好的内底设计能为鞋子带来眼前一亮的感觉。

⬆ United Nude的产品，帮面设计看起来平淡无奇，鞋跟鞋底却极有特点。

（三）帮面的设计方法

帮面的设计简单来讲就是帮面的结构处理、分割线的使用、面料辅料和配饰的搭配等程序。但是帮面款式设计受到很多人体生理因素的影响，作为设计师一定要掌握足够的相关知识。这里就介绍一些在帮面设计过程中需要注意的问题。

1. 跖趾关节的部位是前脚掌弯折的位置，活动量比较大，不宜作为裁切位置或缝线密集的形式，以免产生缝线过早断裂的现象。

2. 后帮中缝的高度也是非常关键的设计部位。过高的鞋帮会磨脚后跟，过低又会产生鞋子不挂脚的现象。通常来讲，在允许的范围内，如果后帮设计得高，前面口门可以偏浅一些；如果后帮低，前门的口门就要相对高一些。

3. 脚踝骨也是设计后帮面的关键部位。内帮一侧的称为里踝骨，外帮一侧的称为外踝骨。外踝骨比里踝骨位置要低一些，靠脚后跟方向一些。在设计鞋后帮面的时候，要避免鞋口与脚踝骨相摩擦，就要将里外踝骨部位作为设计控制点来应用。设计低帮产品时，后帮高度要控制在踝骨以下；高帮鞋或靴类产品的后帮高度要高于踝骨位置。

4. 脚弯是脚背和小腿之间的拐弯处。设计帮面时通常前帮总长度要控制在脚弯部位之前，并留有一定空间，以免脚在进行弯折活动时与帮面摩擦。当然如果使用软性材料，前帮总长度也可以根据设计而调整。

5. 腿肚是设计靴类产品时要考虑的重点部位。设计靴筒时要充分考虑目标消费者的腿肚粗度，以免产生脚部合适、腿肚穿不进去的情况。一般来讲，年轻消费群的腿肚较细，年纪大的消费者腿肚较粗。设计靴筒时除了要考虑目标消费者的年龄以外，也可以设计一些有伸展功能的细节，以适应不同消费者的要求。

6. 设计高筒靴时也要考虑膝盖的高度问题。为了不妨碍膝关节的活动，高筒靴通常设计成前高后低的形式，当然使用材料的不同也可以有特例。另外，要注意的是，腿肚的围度比膝盖下围度要大，设计高筒靴的筒口时要充分考虑腿肚的围度，以免穿不进去。

鞋类产品的设计需要充分的考虑消费者的生理需要，类似的设计要点有很多，需要设计师在实际的设计工作中不断地发现积累。

鞋底、鞋跟在以往是容易被忽视的部位，很多设计师将大部分的注意力放在帮面的设计上。然而由于现代工艺技术的发展，鞋底鞋跟可发挥的想象空间有所扩大，所以很多设计师开始关注鞋底鞋跟的设计。其实好的底跟设计能够给整个鞋靴带来耳目一新的感觉，能够提升产品整体的完美感和档次。尤其是夏天的凉鞋款式和许多运动鞋款式，底跟逐渐成为构成设计的主体部分，为鞋靴呈现了独特的风格效果。

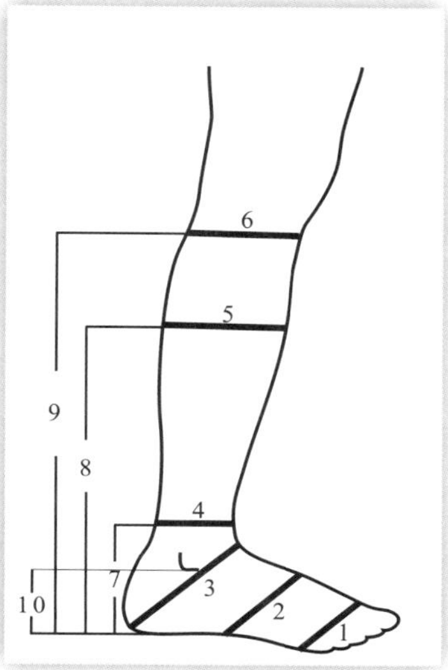

1—跖围，通过脚的第一跖趾关节和第五跖趾关节所量的围度；
2—跗围，通过脚的前跗骨突点和第五跖骨粗隆点所量围度；
3—兜围，通过舟上弯点和脚后跟测得的围度；
4—脚踝围，通过脚踝最细处测得；
5—腿肚围，通过腿肚最粗处测得；
6—膝下围，通过腓骨上粗隆点测得；
7—脚腕高；
8—腿肚高；
9—膝下高；
10—外踝骨中心下沿点高

脚与腿的各部位测量位置

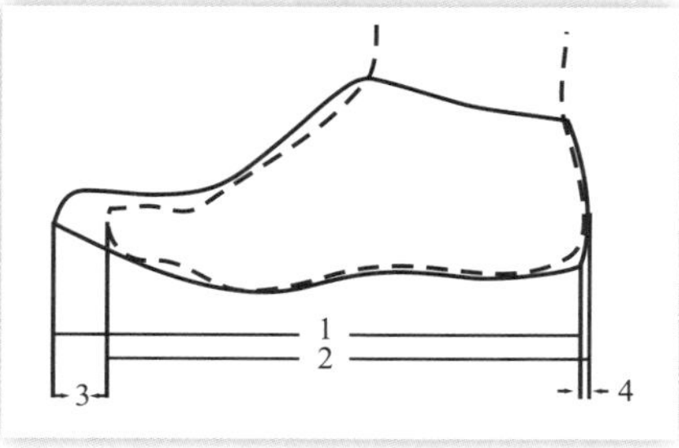

楦与脚的关系

1—楦长 2—脚长
3—放余量 4—后容差

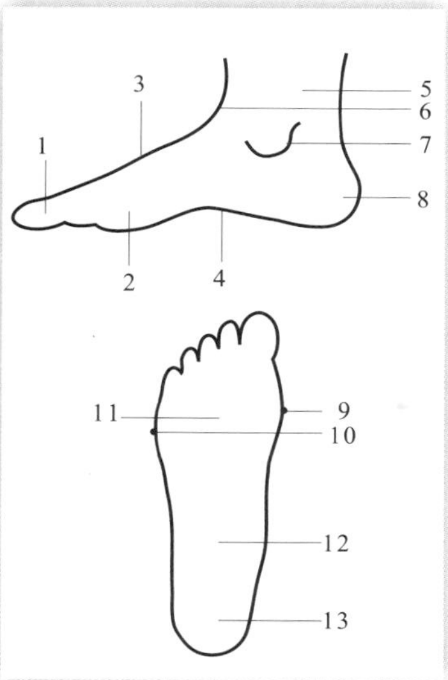

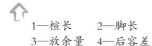

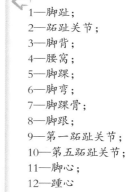

1—脚趾；
2—跖趾关节；
3—脚背；
4—腰窝；
5—脚踝；
6—脚弯；
7—脚踝骨；
8—脚跟；
9—第一跖趾关节；
10—第五跖趾关节；
11—脚心；
12—踵心

脚的各部位名称

（四）面料、辅料和配饰的设计方法

随着轻工业的发展，制鞋技术越来越成熟，工艺越来越丰富，用于制鞋的材料变化多端。这既为鞋靴设计提供了大量的应用元素，也给设计师提出了更高的挑战。如何应用好新材料和新技术是每个设计人员都要思考的问题。品牌要想创新，也要在材料和技术方面有所突破。

（五）鞋靴色彩的设计方法

鞋靴产品除了符合服装服饰产品春夏清爽、秋冬温暖的原则外，还要充分地考虑到鞋靴与服装产品的搭配以及鞋靴本身的穿着环境。

三、设计图稿的绘制及要求

鞋靴设计图稿的绘制主要有两种形式：效果图和结构图。通常效果图为有色的、需要表达面料特点和设计风格，绘图比例可以适当夸张变形，不拘泥于绘图工具和手法。效果图主要用来传达设计者的构思和理念，是设计情绪的表达。相比较而言，结构图对于绘画比例的要求就更加严谨，一般要求以实际比例为基础的线描稿。通常结构图要求结构表达要清晰明了，部件穿插顺序要清楚，必要时需要将细节放大表示。结构图还有一个重要的部分就是标示。标示是结构图的一部分，没有标示的结构图是不完整的。

效果图和结构图的绘制都是设计师不可缺少的技能。效果图和结构图都可以分别采取手绘和计算机绘图的形式完成。

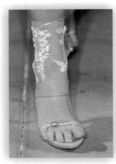

近年来的鞋靴产品材料呈现出多样化的特点。越来越多的非传统鞋用材料被应用于鞋靴产品当中。

⬆ 手绘结构图

⬆ 手绘效果图

⬆ 计算机结构图

⬆ 计算机效果图

效果图主要是用来表现设计者的思路、感受等，所以在绘画时可以加入背景等元素，用以增加整幅图的主题气氛。

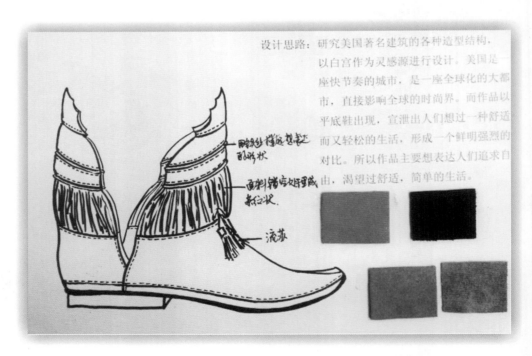

设计思路：研究美国著名建筑的各种造型结构，以白宫作为灵感源进行设计。美国是一座快节奏的城市，是一座全球化的大都市，直接影响全球的时尚界。而作品以平底鞋出现，宣泄出人们想过一种舒适而又轻松的生活，形成一个鲜明强烈的对比。所以作品主要想表达人们追求自由、渴望过舒适、简单的生活。

结构图中可以加入设计说明、材料样本、文字解释等内容，这些内容有利于除设计者之外的人更直接地了解设计者的想法、制作手法、材料使用等信息。这些信息对于生产者尤其重要。

第二节
系列产品的设计

　　所谓的系列产品设计，就是将产品用共同的设计元素作为纽带连接起来，使之互相具有相关性。好的系列设计要具有统一性，在某种统一的关联下各有各的特点，就是好的系列产品设计。

　　鞋靴产品的系列设计就是对鞋靴产品设计五大元素的应用。如何将鞋楦、底跟、帮面、材料、色彩这五大基本元素合理地使用，使之成为系列设计的核心要素是鞋靴产品系列设计所要掌握的内容。

　　底跟、鞋楦、帮面、色彩、材料这五大基本元素既可以单独作为系列设计的核心要素，又可以组合起来形成综合核心要素。

一、以底跟为核心要素的系列设计

　　以底跟为核心的系列设计是系列设计中最容易掌握的方法，也是商家和设计师比较喜欢的设计方法。这是因为在底跟的设计和制作比较耗时耗力，一旦底跟确定后，在同样的底跟上面可以将鞋楦、面料色彩等元素无限变化，在短时间内产生大量的款式，生产和设计效率都能提高。所以这种系列设计方法受到商家和设计师的青睐。

　　以底跟为核心的系列设计。在trippen的X+OS系列产品中我们看到，同样的底跟，由于鞋楦的变化和帮面款式的变化产生了从凉鞋到单鞋到矮靴到高筒靴的完整而丰富的系列产品。

二、以鞋楦为核心要素的系列设计

以鞋楦为核心要素也是比较容易掌握的系列设计方法。顾名思义，鞋楦作为核心元素意味着鞋楦是固定的元素，一旦确定下来就不再改变。设计师可以在底跟、色彩、材料等方面充分地发挥想象力，不断地变化。但由于鞋楦的稳定，鞋靴的整体造型和跟高等因素都不会有什么变化，因此整体的系列感还是会比较强烈。

⬇ 以鞋楦为核心的系列设计。我们看到这一系列的产品，除了鞋楦相同以外，没有任何元素是相同的。帮面、底跟的款式不同，色彩不同，细节不同，但是放在一起却看起来并不互相干扰，反而很协调。

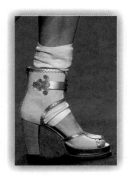

⬆ 仅以鞋楦为核心的系列设计是比较少见的，大多数的设计为了达到比较明显的系列化风格，都会采取不止一个元素作为核心元素，这样才能够保证系列设计具有比较高度的统一性。上图的Anna Sui（安娜·苏）系列产品除了共同的鞋楦以外，还使用了同样的帮面材料和底跟材料，色彩方面也是相对统一的。

三、以帮面款式为核心要素的系列设计

　　以帮面款式为核心要素进行系列设计是行业中应用比较少的方式。因为在设计和生产的过程中鞋底和鞋楦的变化是最耗时、耗力并且成本较高的方式，基于成本的考虑，大部分公司不会考虑这种系列设计的方法。当然，对于一些附加值较高的高级品牌，为了追求特别的设计效果，较高的开发成本也是能够接受的。

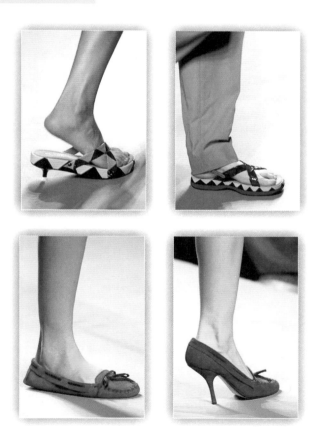

　　以帮面款式为核心的系列设计。图中所展示的两组产品都是相同的帮面设计和不同的鞋底款式结合。由于使用了不同的鞋底高度，导致开发过程中需要使用不同的鞋楦，而成型鞋底的不同也需要开发不同的模具，这些都是成本较高的开发步骤。

四、以色彩为核心要素的系列设计

虽然以色彩为核心要素是比较容易掌握的设计方式，但是如果在五大元素中只有色彩相同，是很难产生强烈的系列感的，需要其他元素的辅助才能产生系列感。

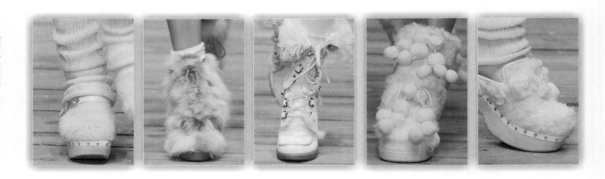

以色彩为核心的系列设计。图中系列产品采用了多种不同的鞋底、鞋跟、鞋楦和材料，但是由于颜色的统一，使这一系列产品看起来仍然比较协调。但是我们看到，设计者在材料的选择上使用了很多的具有温暖感觉的材料，毛皮、毛线、绒球，都具有比较强烈的冬季产品的特点。由于色彩的统一和材料风格的统一是这一系列的产品设计还是比较成功的。

五、以材料为核心要素的系列设计

　　这是系列设计中比较难掌握的方法。由于材料的千变万化，仅仅是相同的材料并不能形成好的系列设计，需要其他设计元素的共同作用才能达到系列设计的目的。但是以材料为核心要素的系列设计在注塑类鞋靴产品的设计中却是非常实用的，因为同样的材料意味着同样的制作加工工艺。这对产品的生产和原材料的采购以及生产人员的培训等都能产生成本节约的效果。

　　⬇ 以材料为核心的系列设计。近年来流行的品牌crocs的产品都是采用的发泡材料。虽然颜色、款式、鞋楦都不相同，但是由于相同材料的使用，使得所有产品看起来都具有紧密的联系。这就是典型的以材料为核心的系列产品设计。

　　⬇ 由于仅以材料为核心元素设计的产品系列性很难在风格上达到统一的目的，因此大部分设计师都会在材料元素之外辅以其他统一元素，使系列产品看起来更协调。图中的Anna Sui产品，鞋楦、跟底都不相同，但是材料和色彩的相对统一使产品看起来系列感很强。

主题——记忆1980's

灵感来自20世纪80年代的一些物品，水壶、海魂衫、电话、录音机都使设计者回想起那个年代。1980's是一个抽象的概念，虽然灵感源由一系列具象的物体作为承载体，但是总结后成为一种感受、记忆和不确定的因素，因此该主题是抽象概念的主题（浙江理工大学服装学院　洪凯毕业设计）。

第三节

品牌产品的设计

　　一个成功的品牌，其产品并非只是卖给消费者的一双鞋而已。这双鞋中包含着设计师讲给消费者的故事，包含着消费者对生活的期许。因此，对于品牌公司而言，产品的设计是理念的传达，是观点的交流，这一切从主题开始。

一、主题的确定

　　主题的确定是开发设计工作的首要内容。从主题中可以提取出产品的主旨、表现形式、色彩范围、图形花样等内容。这些内容是设计工作的指导书，为整个设计团队的产品整合和分工协作提供理论基础。主题可以是文字、图片、电影、音乐等任何能够给设计者灵感和联想的元素。在同一主题下设计完成的产品除了具有形式上的统一性以外，在风格、感觉上也都具有"神似"的效果，这就是主题的作用。

二、主题的分析

对于主题的分析是设计者深入了解主题的重要手段。主题分析方法有多种形式，设计者可以开会讨论每个人对于主题的感受，形成文字材料，在设计者之间达成较为一致的共识，这样做有利于整体产品设计的一致性。

设计者还可以通过绘制图片来表达对主题的理解，经过图片分析的主题更形象化，也可以借此形成设计中需要的图案等必要的内容。

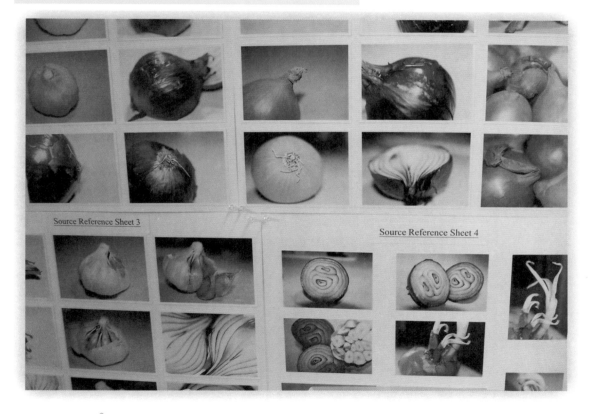

⇧ 对灵感源——"洋葱"的分析

设计师采取了横切、纵剖等手法，发现了洋葱不同角度的纹理结构，为产品设计提供了更多的想象空间。

实践中我们发现，许多设计师存在不善于分析灵感源、不善于表达对灵感源的感受的问题，限制了设计想象的发挥。这时候，设计领导组就需要给设计师创造一个宽松的环境，让大家都能够畅所欲言，发挥想象力，不怕出错，往往就会出现碰撞的火花，创造出意料之外的优秀作品。

三、主题的应用

主题可以用来提取二维图案和三维造型，用于产品的面料设计、造型设计等。

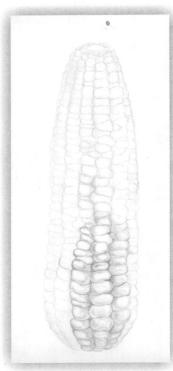

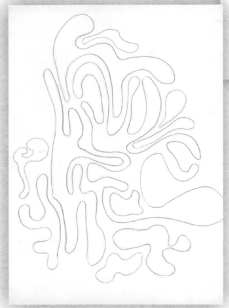

对灵感源——"玉米"的分析

设计师在绘制玉米的过程中对玉米的内外结构有了更深入的了解，进而将其抽象为平面的图形，该图形可被用于产品设计的图案开发。

主题灵感元素也可以提取出色彩，用于产品设计。

主题图片

色彩提取

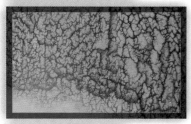

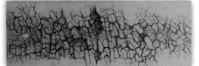

水墨，极致的表现为中国文化，它是艺术现代的转型，一般指用水和墨所作。由墨色的焦、浓、重、淡、清产生丰富的变化，表现物象有独到的艺术效果。

根据主题图片提取的色彩后设计产品对色彩的应用。

四、流行信息与主题

　　流行信息对于品牌鞋靴的设计起到重要的补充作用。成功的品牌不仅应该具有自身独具特色的品牌风格，而且要不断关注消费者的生活动态，了解流行资讯，将消费者关注的流行热点及时地纳入产品设计中，进而与消费者产生共鸣，促进产品的销售。

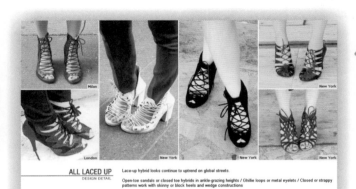

　　很多网站都设有专门的栏目，收集世界各地流行产品的信息，给设计师对流行的把握提供了非常实际的参考。

　　国际知名街拍摄影师Tommy Ton的镜头遍布世界各地的时尚之都，是很多设计师掌握流行趋势的重要参考依据。他关注包括服装服饰等与时尚相关的各个方面。

五、产品架构的确定

　　根据公司规模的大小、开发重点、生产能力等因素，各品牌生产的产品种类和数量都不相同。有的公司只生产塑形鞋，如crose；有的品牌只生产羊毛靴，如澳大利亚知名品牌UGG；有的只开发休闲鞋，如英国品牌clark；也有的品牌提供综合产品，涉及广泛。不论哪个品牌，在产品开发前都要根据自身情况确定产品的架构。所谓产品的架构，是指一段时间内所要生产的产品种类、产品数量、比例、面辅料应用等内容。产品架构可以根据消费者性别、产品材料、跟高、风格等因素确定。只要符合本品牌产品开发的特征，都可以作为确定产品架构的理由。

2011春夏产品架构

风格	款数	价位	跟高	材料	图片	配色1	设计特点	搭配方案
低调诱惑	3款	200~500元	10cm	牛皮、羊皮		黑色/深蓝色+橘红色	采用低调的黑色牛皮上镶嵌立体四边亮铆钉为设计点，体现鞋子自身的诱惑	搭配长T恤、七分裤
			7cm	手抓纹厚质牛皮		黑色	高跟鞋加流苏充分体现诱惑的主题	
			5cm	手抓纹厚质牛皮		黑色	不同材质的搭配，增加黑色的层次感	
职场女性	3款	350~800元	9cm	牛皮		黑色/深棕色	厚高鞋底，既有高度，又稳重	干练职业装搭配中跟鞋或坡跟鞋
			7cm	蜡感磨纹牛皮		灰黑色	灰黑色的材料及割纹的后处理，使鞋子具有高档感	
			5.5cm	全粒面牛皮		浅棕色+黑色	黑色与浅棕色的搭配是时尚色彩元素的应用	
朴素自我	3款	150~300元	9cm	羊皮+牛皮		黑色+彩色花	以艳丽的塞波花为主题，搭配朴素的服装	简单T恤搭配牛仔裤或连衣裙
			4cm	羊皮		紫灰色+紫色	舒服自然的款式，色彩较丰富	
			3.5cm	全粒面牛皮		棕黑色	舒适的款式设计，在皮料上增加透气感	

比较通用的产品架构设定法

第四章

样品制作与调整

　　由于鞋靴产品具备了技术与艺术相结合的特性，作为设计人员，必须掌握鞋靴产品的制作过程。在鞋靴领域，技术基础知识是设计人员的必备条件，否则就会设计出无法实现的空中楼阁式产品。

　　如果一切按照计划进行，那么距离产品上市前9个月的时候，这一季的主题策划和所有产品的款式图的绘制都应该是准备完毕了，现在就要开始动手制作实物了。制作样品之前，首先要花一些时间来准备材料。

第一节
样品材料的准备

本章案例款式

鞋靴产品的制作过程是环环相扣的，几乎每一步的开展都要根据前一步骤相关数据进行延续。因此在制作的过程中，首先要考虑的是开发的顺序。通常的开发顺序可以归纳为两种：一种是在没有任何已知元素或已有鞋楦前提下的开发顺序；另一种是已有鞋底或鞋跟的前提下的开发顺序。

本案例的款式没有任何确定的实物元素，所以我们的材料准备从鞋楦开始。这也是鞋靴产品开发应用最普遍的程序。

在没有任何确定的元素或者已有合适的鞋楦的情况下，开发的顺序如上图所示，这种模式比较常用。鞋楦确定以后，才能根据鞋楦的尺寸开发鞋底跟的款式和鞋跟的高度。所谓鞋楦确定，是指鞋楦风格款式、尺寸和舒适度等都经过严格的检验和测量后，由技术部门和设计部门分别确认后，才可以根据鞋楦的数据开发鞋底和鞋跟等内容。如果鞋楦数据不确定，进入下一步工序只能是浪费人力、物力和时间，给工厂造成不必要的麻烦和浪费。有时候设计部门为了赶进度，几个步骤同时进行，结果却欲速而不达。

有时在资料收集的过程中，找到比较满意的鞋底或者鞋跟的款式，也可以据此进行制作的工作。这里要说明的是，底跟分离的款式也要有先后的顺序。通常为：鞋底→鞋楦→鞋跟→帮面→面料→色彩或鞋跟→鞋楦→鞋底→帮面→面料→色彩。可见鞋楦是开发制作过程中的重点元素，要尽早确定。另外，帮面款式有时也会对鞋底的制作产生很大的影响，例如，有的凉鞋款式帮面与鞋底的连接处于鞋底的中部，因此在开发鞋底之前要确定帮面的款式和帮脚的位置。因此可以说，鞋靴产品的制作过程要因"鞋"而异，要根据经验不断总结才能很好地把握。

一、鞋楦的准备

准备鞋楦时，可以联系鞋楦厂，预约时间到鞋楦厂选样品。根据鞋款设计稿，我们在鞋楦厂原有的鞋楦样品中挑选近似的造型，虽然有熟悉样品的工作人员帮助，但是经过两个多小时的选择我们还是没能挑选到满意的样楦。不过这个时间是值得花费的，因为开发新的鞋楦样品至少需要三天的时间。如果能用两个小时完成三天的工作量，还是值得一试的。不过好在我们带来了一双接近设计需要的鞋子样品。我们根据样品鞋对鞋楦技术人员说明了要求，之后将样品鞋留在鞋楦厂，因为他们要据此开发新的鞋楦。通常我们会在3~5天的时间之内收到鞋楦厂寄来的鞋楦样品。收到样品鞋楦后，首先由设计师目测检查鞋楦是否符合设计风格要求。如果不符合，设计师需要与鞋楦厂负责人沟通，说明要求，交回鞋楦进行修改。当然这种情况是不经常发生的。

由于没有确切的数据作为依据，鞋楦的复制只能是根据鞋的数据和技师的经验来进行，所以要允许一定程度的偏差。如果样楦没有设计风格方面的问题，就可以交给样品室的样板师进行检测。

技师对于鞋楦的检测通常有两种方式。第一种，根据国家颁布的鞋楦尺寸相关数据对样楦进行数据测量，确认各部位数据符合标准。第二种，制作简单鞋靴款式，试穿测试。如果存在舒适度等问题，通常样品室的技师可以进行简单调整。通过简单调整的样楦就可以作为样品制作的基础投入使用了。

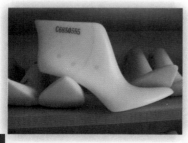

鞋楦厂根据自身所获得的流行信息会不断的补充鞋楦款式供客户选择。在平常的工作中与鞋楦厂保持时常的联系，会获得最新的鞋楦流行信息，及时地跟进鞋楦的潮流趋势。

可能遇到的问题：

在这一部分的工作中，最可能遇到的问题就在于鞋楦厂复制的鞋楦有多少程度的偏差是我们能够接受的。要想开发的鞋靴样品符合要求，就需要我们的设计师和鞋楦技师有足够的经验和判断能力，并且有良好的沟通能力，能够与鞋楦厂的技师说明本公司的各项要求。同时也需要鞋楦厂的良好配合。

在鞋楦未确定之前，鞋底材料的准备只能停留在资料的收集、款式设计等"纸上谈兵"的步骤，因为鞋底的制作都要根据鞋楦的尺寸进行推演。现在，鞋楦样品确定以后，就可以进行鞋底材料的开发了。一旦确定了鞋楦的款式就不要轻易地改变了，否则如果完成了鞋底等部位的开发再回头修改鞋楦的数据，就会造成时间和资金的极大浪费。

二、鞋底的准备

鞋底部分需要准备的材料包括外底、中底、内底等内容。

（一）外底

首先同样是联系相应的厂家制作样品。由于鞋底品种多样，使用的材料和工艺都不相同，因此通常鞋底厂都只做自己擅长的产品。换句话说，做真皮材料的厂家大多不会做涉及橡胶底产品，做成型底的厂家可能只做成型底。因此，找到合适的供应厂家是非常重要的。

此款鞋子的鞋底为真皮与橡胶材料结合的方式，主体是真皮的材料，因此我们联系了擅长制作真皮底的厂家。如果是首次合作的厂家，我们一定会安排专人到该厂家考察。一方面了解该厂家的实力，另一方面也可以学习该厂家是否有新的技术可以参考。

选好厂家以后就要开始外底样品的开发工作了。首先设计师将绘制好的设计稿交由对方厂家的联络人，通常这份设计稿中要包含鞋底款式、尺寸、使用材料、特殊部位制作要求等内容。文字说明要尽量简单明了，确保鞋底厂技师能够了解设计师的设计意图，必要时要及时进行面对面的沟通。鞋底厂技师了解了设计意图以后，就开始样品的制作工作。因为不存在制作模具等耗时的工序，第一次样品所用的时间并不多。大概一个星期以后我们就收到了样品，但是伴随样品而来的是鞋底厂的一些问题。

经过第二次样品的调整，设计师确认外底样品款式符合要求后，需要将确认的鞋楦样品或者是带有帮面的鞋楦一并交给鞋底厂，制作符合产品规格的样底。在这一步骤中，如果仅交付鞋楦，那么同时要交给对方一份资料说明，提供该款式是满帮鞋还是凉鞋、实际生产使用的面皮和里皮厚度是多少等信息。这样做是因为不同款式的鞋子和不同的皮料厚度对鞋底的规格尺寸都有很大的影响。如果连同带有帮面的鞋楦一并提供给鞋底厂，就会在很大程度上提高鞋底尺寸的

↑
可能产生的问题：

由于此款鞋底是采取的真皮和橡胶黏合的工艺。因此，鞋底厂对于脚掌部位的分割设计有些担心，他们认为经过长时间的走路弯折和可能的雨水浸泡，真皮和橡胶的黏合会产生脱离。经过咨询鞋底厂技师，他们提出的建议是取消分割设计，改成整片橡胶。像这样在开发鞋底的过程中产生一些不可预测的问题是非常常见的，这个时候就需要设计师和技师能够在技术和美感之间进行协调，使产品既达到质量要求，又在设计方面尽善尽美。因此，我们经过讨论决定采纳鞋底厂的建议，但同时对橡胶片的造型进行了一些调整，使其更具美感。

准确度。但是，这是相对理想的状态，通常在开发的过程中需要根据时间计划等因素而灵活决定。

（二）中底

如果没有特殊要求，通常中底直接由技术部门按照鞋子的类型选择合适的材料，根据鞋楦的尺寸制作就可以了。但是也有一些情况是例外的。例如本章案例的这款鞋子的中底就是采用真皮的底材原料，不经任何复合加工。选择这样的材料不但能够提升产品的档次以及符合现代人对于环保材料的追捧以外，而且充分考虑到真皮材料的透气性和耐折性都优于普通的复合材料。

由于涉及外观等内容，所以首先需要设计部门对材料的特性进行了解和筛选。通常设计部门完成对原材料色彩外观效果等因素的考察后，交给技术部门完成对质量、柔韧度等确认，最后由采购部门完成对价格的审核。

本章案例产品的中底的制作方式很简单，只需要确定了尺寸以后，开刀模裁切即可，不需要通常复合中底的多层叠加和安装勾芯的工序，这样的新型中底的使用是没有经过实践考验的。虽然经过技术部门的各种检测，但是仍然有可能产生不可预知的问题，所以需要开发部门和整个公司承担一定的风险。但是设计本身就是一种创新，而创新有时候就是要承担一定的风险，才可能设计出让消费者惊喜的好产品。

（三）内底

选择内底材料要考虑的因素主要有耐磨性、色牢度和舒适度等。本系列款式的内底使用的是与帮面里材同样的材料。在接下来的一节会详细介绍里材的选择。鞋底的舒适度问题是由外底、中底和内底结合以后产生的总体效果。因为内底是直接接触人脚的，所以这里要强调一下舒适度的问题。这款鞋子的中底加入了整体乳胶海绵和后跟部位的垫片。

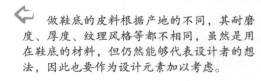

做鞋底的皮料根据产地的不同，其耐磨度、厚度、纹理风格等都不相同，虽然是用在鞋底的材料，但仍然能够代表设计者的想法，因此也要作为设计元素加以考虑。

三、帮面材料的准备

帮面材料的准备主要包括帮面外材料、帮面里材料的准备。

（一）帮面外材料

经过一段时间的资料收集，我们为这款鞋子的帮面外材料选择了某公司生产的命名为LATIGO的皮料。通过该公司的产品介绍，我们了解到此皮料的相关特点：环保染料、不脱色、厚度均匀、牢度好，经过与其他产品对比，我们认为这些特性都是非常符合本系列产品的。但该公司的一些合作条件也是相对严格的，例如最低订货量不能少于3000平方英尺，生产周期最短一个月，而且皮料样品制作也要一个月的时间。这些条件都是很棘手的问题。首先，在没有确定生产数量之前我们是不能确定最终订货量的，尤其是对于时尚品牌而言，通常的订货量都不会很多；另外生产周期一个月还可以接受，但是样皮的制作也要一个月的确是令人很头痛的问题，这就意味着样品开发的时间要因此而耽搁，而且一旦最终没有选择该公司的产品就要另外寻找供应商，开发进度时间就耽误了。经过讨论，最终的解决方案是：定做样品皮的同时用手头已有的或市场现货接近规格的皮料制作帮面样品，同时继续收集相近皮料的供货渠道信息，以备不时之需。

一个月后我们准时收到了样品皮料，随即开始对其进行一系列的检测，内容包括色牢度、撕拉强度、厚度、均匀度等。

（二）帮面里材料

此款鞋子的帮面里材料采用的是布料，鞋口边缘结合面皮料。在选择材料的时候有几点内容需要考虑：要选择水洗处理过的或者缩水率低的材料，以保证在穿着过程中不会产生帮面因内里缩水而变形的情况；色牢度要好，这款鞋是设计为赤脚情况下穿着的，因此要避免在出汗时内里掉色；纯棉材料有利健康和坚持环保的主题；牢度要好，尤其是耐磨度要经得起时间的考验；色彩要与面皮料协调搭配。考虑到以上这些内容，我们最终选择了某公司的编号为S08—35的面料。这款面料该公司有大量存货，所以我们暂时表明了购买意向，但是只购买了3米布料供样品制作使用。

⬆ 国外很多公司会根据皮料产品的风格特点给每一款产品赋予一个名字代替传统的编号方式，这样不仅更容易区分产品，还给工作带来了很多乐趣，甚至与产品之间产生了感情。这对各个环节参与工作的人都是一种工作情绪的调节，非常值得借鉴。

四、辅料的准备

本章案例的鞋的辅料只有鞋带和鞋标。

（一）鞋带

鞋带的开发相对比较简单，这也可能是实习期的设计助理最早接触的工作内容之一。通过第二章我们了解到在一些博览会或展销会上，可以收集到一些供应厂商的信息和样品册，其中就包括鞋带供应商的信息。

鞋带供应商提供的样品册中会有该公司生产的各种产品的实际样品、规格表、色卡及编号等信息。有些公司也会提供网站信息，上面会及时更新最新产品的信息。只要提供给供应商相对应的信息，通过一份传真或电子邮件，就可以轻松地解决鞋带样品定制的工作。这些信息包括：鞋绳样品编号（代表鞋绳的编织款式）、鞋带头样品编号、长度、围度（宽度）、颜色编号。如果鞋带供应商提供的样品册当中没有所需要的颜色，可采用邮寄色样或提供Pantone色号的方法，双方确认颜色。

如果是经常合作的供应商，一般5天左右就能够收到鞋带样品。但如果是第一次合作的厂家，就可能会涉及预付样品费用的问题。

（二）鞋标

在鞋子的某个部位标明商品的品牌是很重要的内容，好的鞋标设计也能够给产品带来更高的关注度。本产品的鞋标位置与大多数产品一样用在内底上。但是与普通的织带式商标不同的是，本产品采用了印刷的方式直接印在鞋内底的织物上。这样做节省了开发织带式商标的人力物力，而且可以变换不同的色彩，能够进行小批量的生产。避免了织带式商标有最低定量的不足。

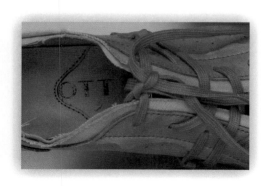

鞋标的设计是典型的细节设计内容，而往往细节设计的不同才能够让人感受到设计者的用心。

第二节
样品的制作

经过大概20天的时间，一切材料准备就绪，可以开始制作样品了。

下面我们通过实例说明鞋靴的制作基本过程。

一、样板的制取

鞋靴样板制作材料：鞋楦、美纹纸、铅笔、橡皮、硬纸板、刻刀、打孔器、双面胶、圆规、卡尺等。

在进行鞋楦样板制作之前，我们首先来了解一下鞋楦各部位名称。

⬆ 好的工具能让工作事半功倍，在工作中创造适合本行业的专属工具也是一项有意义的事。

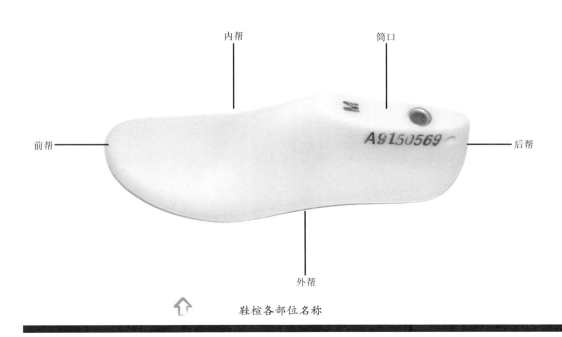

内帮　　　　筒口

前帮　　　　　　　　　A9150569　　　后帮

外帮

⬆ 鞋楦各部位名称

鞋靴样板的制作步骤如下：

（一）贴楦

首先将美纹纸贴在鞋楦表面上。贴的时候要注意以下几点：（1）首先要从楦头到后跟贴一条纵向美纹纸，作为基本的辅助。（2）从楦跟向楦头平行贴美纹纸，每条美纹纸都尽量平服，必要时可以打剪口。（3）尽量保证每个位置都贴有两层以上的美纹纸，以保证剥离的时候样板不会过于变形。（4）可以贴半楦，也可以贴全楦，主要根据鞋靴的款式而定。因为这一款鞋的左右非对称设计，所以贴全楦。

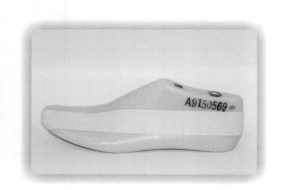

1. 在鞋楦的表面从前到后贴一条美纹纸，作为揭样板的支撑。

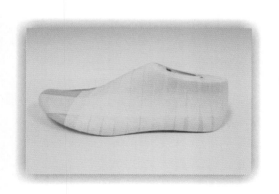

2. 由后向前或由前向后依次贴上美纹纸，每一层美纹纸要与之前的一层有足够的重叠，这样做可以在揭样板的时候避免由于美纹纸的弹力而产生过大的样板变形。

（二）画楦

画楦首先要确定各辅助点和辅助线的位置，然后再开始绘制款式。

辅助点线绘制：（1）沿筒口前中点和楦头中心点A绘制背中线。（2）沿楦口后中点和后跟中心点B绘制后跟弧线。（3）在后跟弧线上，自B点向上量取楦长的21.66%，定出C点，C点是脚后跟骨上沿点。（4）在背中线上量取口门控制点V，自C点用圆规或卡尺直接测量楦长的68.8%，在背中线上截取V点。（5）在背中线上用软尺自V点向上测量楦长的27%截取E点，E点为口裆控制点。（6）在鞋楦底部我们会发现两个微小的凸起，这是第一跖趾和第五跖趾的位置，标注第五跖趾为H点。连接VH_1点，并找到$VH1/2$点，定为O点。连接O点和下面要介绍的后帮中心线高度点Q，就形成了后帮高度控制线。

这些辅助点和辅助线都是非常重要的，在帮面设计中能够起到帮助确定款式位置、协调左右比例、保证鞋面舒适度等作用。由于不同款式的鞋靴需要的辅助线略有差别，在此仅介绍与此款式相关的辅助点和辅助线。

⬆ 3. 在后跟的上下确定中心点，可以用双面胶辅助画一条直线，这条线就是后帮中心线，是设计和样板制作的参考线。

⬆ 4. 同样，前帮的中心线也可以借助双面胶来绘制。中心线的准确与否决定了样板设计的准确度。

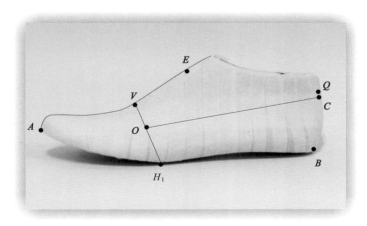

鞋楦各部位控制点、线

绘制帮面款式是鞋靴产品设计内容的一部分。帮面款式的绘制是设计师重要的技能。有人认为帮面款式的绘制是打板人员的工作，这是一种误区。设计师不一定要会打板，但一定要懂得并且能够熟练地在帮面绘制款式。只有这样才能真正地表达设计师对于帮面款式的要求。目前国内大多数的鞋靴设计师都只负责在纸上绘出款式图，经过样板师在帮面的转换以后，会在整体感觉和比例上都有所偏差。因此设计师一定要自己画鞋楦，画鞋楦之后的工作交给样板师，才是比较合理的程序。

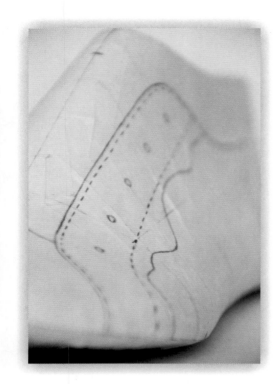

5. 根据设计图稿将鞋子的款式绘制到鞋楦上，内外帮如果款式相同可以只绘制外帮，如果不同就要画整个鞋楦。通常这一步的工作都被认为是样板师的工作，但在实际工作中发现，设计师一定要做到自己画鞋楦这一步，才能真正地表现自己设计产品的风格特征。

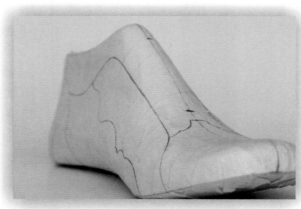

（三）切割剥离样板

沿款式设计的结构线切割开，并剥下样板。注意剥离样板的时候将几层美纹纸一起撕下，尽量减少样板误差。

（四）贴样板

将撕下的美纹纸分别贴在一张硬纸板上，贴的时候要尽量使其平服。但是在贴样板的时候总有贴不平的位置，这就需要我们对样板进行展平的处理。所谓楦面展平，指的是将三维立体的楦表面，在外力的作用下，通过对贴楦材料的剪口、拉伸等处理成一个与楦表面大小、形状相似的展平面。简而言之，贴样板的展平过程就是将原本圆顺的楦曲面整合成平面样板，以作为接下来工作的操作基础。

展平方法有很多，但是通常来讲，展平原理就是：（1）无论样板如何取舍，保证样板之间的连接点对接位置不变。（2）样板中心的突出部分可以做压平处理，由于压平所产生的尺寸短缺可以在绷帮过程中通过皮料的拉伸来补足（皮料的拉伸特性决定补足的程度）。（3）样板边沿产生的不平服，我们可以通过剪口来处理，但是由于剪口拉伸所产生的多余量要在相应的部位去掉。

6. 根据绘制的线条，将样板切割下来，剥离样板时注意剥离方向。也可以沿着前中线和后中线将样板一分为二地剥离开来，制作出母样板后再还原出每个样片的形状。剥离样板有很多方式，根据鞋楦款式和个人习惯，只要尽量保证样片的准确即可。

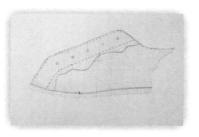

7. 剥离好的样板贴在硬纸板上，可以采取打褶和剪口的方式将样板贴平。

8. 沿着修剪好的边缘线，将样板剪下。

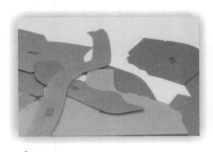

9. 样板分划料、帮面和内里三种。

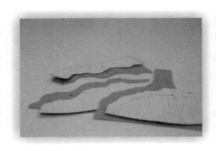

10. 根据纸质样板制作生产用塑料样板。

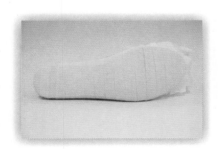

11. 帮面样板剥掉以后开始贴楦底样板，同样每一层美纹纸都要与之前一层有重叠，保证剥楦时样板的准确度。

（五）帮面样板制作

样板贴好后为了缝合和绷帮操作要对样板进行一系列的放量处理，此款式具体操作如下：

（1）在样片连接处，置于底层的样板放5~7mm的余量，作为粘胶和缝合基础。（2）后帮中缝处不放量或放2mm左右的余量即可。（3）底口放余量一般根据中底的厚度、皮料厚度和鞋靴制作工艺而定。经过测量此系列的中底厚度为1.5mm，皮料厚度为1.2mm，在此基础上再加上10mm左右的胶粘量，即形成了12.7mm的底口放余量，但是由于此款式帮面要补足鞋底的凹进设计，因此又要加出凹进的量。

样板放余量的处理方式有很多，处理数据也大相径庭。这主要是因为款式设计、制作工艺、材料特性等对样板处理都有很大的影响，因此每一款鞋靴的样板处理都要根据具体情况而定。尤其是突破传统工艺结构的鞋靴款式，更需要设计师和样板师进行具体的沟通，才能完成样板的制作工作。

鞋面样板完成后，要进行鞋里样板的制取。鞋里样板的结构与鞋帮的结构不尽相同，大多数是在帮面样板的基础上重新进行设计。鞋里设计的原则是：（1）结构尽量简单。（2）便于鞋里的制作和加工。（3）断帮部位尽量与鞋面断帮部位错开，以便鞋里平整。

由于此款式的鞋靴内里做毛边处理，因此在进行内里样板制作的时候要根据设计将内里的毛边留出来，具体情况如图所示。另外包头和主跟的制作也要根据款式设计的情况而定。

（六）制作楦底样板

（1）用美纹纸在楦底面依次贴平，并沿楦底外延线划线。（2）剥下美纹纸，贴在硬纸板上。（3）沿线迹剪下样板，此为楦底模板。此样板可以作为中底样板和大底样板的参考基础。

样板制作过程中和完成后都要对样板进行标记处理。主要有：（1）区分内外怀标记，通常板师会在内怀底口处打剪口标记以示区分。（2）前中点标记。（3）连接位置标记，由于样板的展平等步骤的处理，样板尺寸与原楦面的位置会产生差异，因此要对连接样片的对应位置进行标记处理，以免结构变形。（4）鞋眼标记。（5）放余量位置标记。

将纸板制作的鞋款样板用塑料硬板复制出来，最后形成三套样板：内里样板、划料样板、制作样板。关于三种样板的区别会在接下来的制作过程中一一介绍。

到此为止样板的制作就算完成了。接下来是鞋子制作的过程。

二、样品的制作

帮面制作过程主要分为划料、缝帮、拉帮（绷帮）、附底等步骤。

（一）划料

划料是制作鞋子的第一步，将皮料按照划料样板裁切成大致的样片的步骤。这些样板并不直接做帮面缝制用，而是需要进一步的整理。

在划料的过程中要注意，由于天然皮革各部位的特性存在很大的差异，鞋帮各部件在穿着过程中对质量的要求也不一样。因此，在天然皮革上裁切帮面部件时，必须综合考虑部件的受力情况和皮革各部位物理性能等因素。根据皮革纤维的特点，天然皮革大致可以划分为四个级别：A类，背脊部位，此部位是天然皮革纤维组织最紧密、抗张强度最大、延伸性最小的部位；B类，肩背部位；C类，颈腹部位；D类，四肢部位，此部位的抗张强度最小，是整张皮料质量最差的部位。

另外，划料裁切的时候注意，同一双鞋子相同部位尽量放在相邻位置裁，避免色差。好的皮料放在鞋帮明显的位置，有瑕疵的放在不易看到的位置。

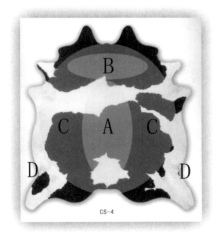

牛皮各部位分级

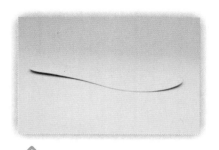

⬆ 12. 样板剥下，贴在硬纸板上，沿边缘线剪下。

⬆ 13. 有纺织物的裁剪要根据面料的特性和经纬方向，保证同一位置的弹性方向一致。

⬆ 14. 皮料的裁切要遵循节省的原则，样板之间尽量贴近，除表面有花纹的皮料外，不需要考虑经纬方向的问题。

（二）帮面缝制

帮面的缝制是一个边贴边缝的过程，而且每一款鞋子的缝合顺序都是不相同的，要根据鞋子的款式而确定缝合工艺。基本原则是：（1）先缝合帮面的装饰部件，后缝合整体。（2）在需要的部位加补强材料，避免由于皮料的弹力产生的帮面变形，尤其是受力较强的部位。（3）需要折边的部位顺序：涂胶→折边→粘内里→车缝→修剪内里缝头。

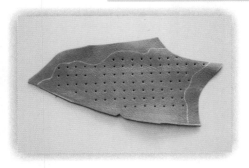

15. 根据帮面样板修剪皮料，并且在需要的位置作标记，以便下一步的缝合工作参考。

16. 在有需要的位置进行削薄处理。通常来讲削薄（也称片皮）的处理是为了尽量减少连接处皮料边缘的厚度，以保证拉帮后鞋靴表面不会出现明显痕迹。

17. 在后跟与左右帮面需要连接的位置涂胶。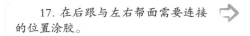

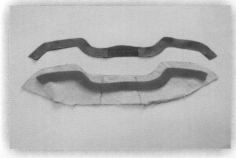

18. 连接后跟部件，并且用样板进行检验。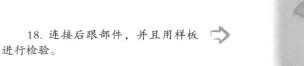

品牌鞋靴产品策划——从创意到产品

19. 缝合后跟和左右帮面内里。为了保证后帮中缝不产生磨脚的问题，在进行工艺设计的时候采取之字形车缝方式。由于所用材料不同，工艺手法也要随之改变。

 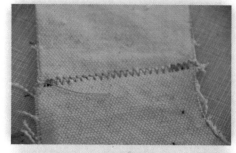

20. 缝合内里饰片。

21. 涂胶临时固定帮面和内里位置。胶水的使用要根据部位的不同而选择。有的位置需要永久黏合，就要采取性能强劲的黏合剂；有的位置是临时黏合，就可以采取会自动脱胶的黏合剂。

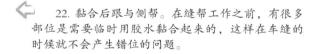 22. 黏合后跟与侧帮。在缝帮工作之前，有很多部位是需要临时用胶水黏合起来的，这样在车缝的时候就不会产生错位的问题。

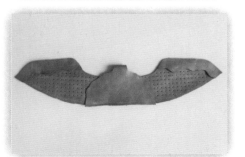

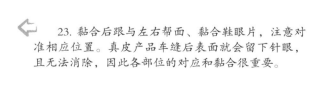 23. 黏合后跟与左右帮面、黏合鞋眼片，注意对准相应位置。真皮产品车缝后表面就会留下针眼，且无法消除，因此各部位的对应和黏合很重要。

24. 缝合帮面部件。好的车缝技巧会将线头都留在帮面内部，表面看不出任何线头痕迹。

25. 鞋眼打孔。有的款式在打孔后会再钉上金属气眼，本款式为了保证自然的状态取消了气眼的使用。但是为了保证冲孔位置的耐磨度，在工艺设计的时候在皮料下面加入了补强材料，这样可以保证皮料在鞋带拉扯的时候不会撕裂。这一步在设计师设计产品的时候就已经充分地考虑清楚了，未经未雨绸缪式思考的设计有时候就可能在这样不循规蹈矩的时候出现质量问题。

26. 帮面制作完成。

27. 帮面前后加定型材料。定型材料有很多种，目前主要有无纺材料加定型制剂以及皮浆定型。

28. 用钉子将中底固定在鞋楦上，因为后面的程序中要将钉子拔掉，所以一般只用2~3根钉子即可。

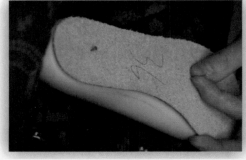

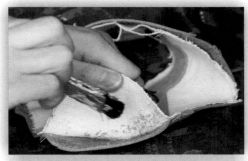

29. 在帮里和帮面内部刷胶，用来固定定型材料。

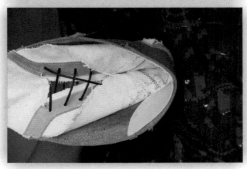

30. 将刷好处理剂的定型材料粘在帮面内。

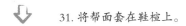

31. 将帮面套在鞋楦上。

32. 将帮脚拉至楦底面，用钉子大致固定位置。

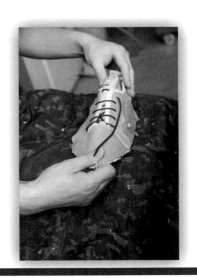

33. 固定帮脚的顺序一般为前帮→后帮→中帮。现代化的机械也可以完成这一步的工作，而且能够大大减少工作时间，因此很多大批量生产的工厂都会采用机械化生产方式完成这一步。

34. 大致固定以后系上鞋带，调整位置，保证帮面不会偏移。

35. 依据鞋楦位置修剪内里余量。

 36. 沿帮脚处刷胶。

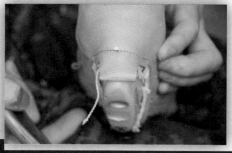

37. 拉帮前固定后帮高度，以免拉帮用力时改变后帮高低位置。

38. 用适当的力道拉帮脚，将其粘在中底上。

39. 利用皮料的拉伸性能，尽量避免褶皱在帮面产生。

40. 帮面粘好后用钉子固定。

41. 用锤子敲打帮面有可能产生的皮料堆积，能够很好地平复皱纹，让帮面呈现光滑的效果。

42. 将鞋子放入烘箱内烘烤，这一步骤是为了让鞋子很好地定型，尤其是前后的固定材料烘干后可以保持形状不变。

43. 根据画好的位置打磨帮脚的皮料，目的是加强鞋底的黏着力，注意要控制好打磨的边缘，不要磨到不需黏着的位置而破坏帮面皮料。

44. 根据绘制的外底位置刷胶，同样注意不要刷出绘制线，以免破坏帮面皮料。

45. 鞋子烘干定型完成后将鞋底的固定鞋钉全部拔除。

46. 将外底的位置绘制在帮脚处。

 47. 在外底上涂胶，注意边际线处胶水不要过多，以免黏合时溢出帮面。

 48. 烘干胶水至半干状态，不同种类的胶水对于烘干时间的要求是不同的。

49. 粘外底，按照前后中的顺序粘。将整个外底检查好，不要有漏胶和漏粘现象。

50. 用压底机器将整个鞋子帮面的底压牢。

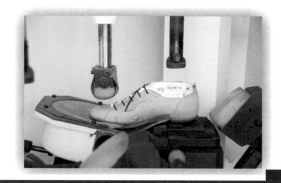

第三节
样品制作过程的管理

前面我们了解的是单一款鞋子的制作过程。在实际的工作中，每个品牌每个季节都会开发数十款或数百款产品，然后再根据市场的需要确定最后生产的产品种类和数量。因此，管理好整个样品开发过程是非常重要的。

根据本案例公司的情况，每个季节要推出50款鞋靴，那么要开发的样品至少要达到80~100款，期间要不断地调整、淘汰，再经过订货会的选拔，最后确定50款左右的产品。那么如何分配人力、物力和时间，是开发过程管理的重要研究内容。其中涉及的内容主要有：面辅料样品的收集与采购时间计划；样板师的工作时间顺序安排；样品制作的顺序和时间安排；设计图稿的审核与确认时间安排。

下面举例的两种产品开发进度表都是对于产品开发过程管理的基本形式之一。下面的表格是以产品的部件为跟踪轨迹，而右图的表格是以时间为跟踪轨迹。

从表格中可以看出每款产品都要确认一位固定的跟进人，通常是设计师本人或设计助理。跟进人要对该产品的面辅料、鞋楦、样板设计完成等内容进行实时跟进，并且及时地在表格中反映出来。表格不仅要注明该部件的完成人、完成时间等基本信息，还要大致说明完成的情况。

该表格应该每天向设计部门主管进行汇报，以便主管人员针对各款式的情况及时地了解和调整。

XX公司2011夏鞋靴开发进度表

款号	图片	打板	楦	帮面	大底/跟	面料	内里	一板	二板	三板	订货时间	跟进人
J-12-11		王师傅	myc已有楦 Y63512	款式确认	ace	确认天祥G1511牛皮	待定	设计下单8.20完成	设计下单8.28	ace完成9.8		王
J-12-12		王师傅	myc已有楦 Y52006	款式确认	本公司s10162	试样中	待定	ok	设计下单8.28	方头完成9.10	订货时间2011.10.10，上市时间2012.3.15	王
J-12-13		李师傅	翻楦8.28	款式确认	佩拉8.28	试样中	待定	ok	翻好楦做第二板	自己完成9.6		李

序号	图片	打板		第一周（2.17~2.23）	第二周（2.24~3.2）	第三周（3.03~3.09）	第四周（3.10~3.16）	第五周（3.17~3.23）	第六周（3.24~3.31）	跟进人
1		本部	楦	使用现有楦	调楦	根据款式调楦	根据款式再调楦			
			大底	使用现有大底						
			面料	根据款式风格确定面料	根据款式风格确定布料					
			款式	打样出两个款	打样出两个款					
			第一板	两个款第一次看板	两个款第一次看板					
			第二板		所选款继续修板	所选款继续修板				
			第三板				所选款继续修板	所选款继续修板	订货会	
2		本部	楦	开发新楦	调楦	根据款式调楦	根据款式再调楦			
			大底	寻找厂家开发大底	大底调整后投入打样					
			面料	根据款式风格确定面料	根据款式风格确定面料					
			款式		出两个款	出两个款				
			第一板		两个款第一次看板	两个款第一次看板				
			第二板			所选款继续修板	所选款继续修板			
			第三板				所选款继续修板	所选款继续修板	订货会	
3		本部	楦	开发新楦	调楦	根据款式调楦	根据款式再调楦			
			大底	先设计大底款式，并用EVA先制作模型	用EVA来制作大底来打样					
			面料	根据款式风格确定面料						
			款式		出两个款	出两个款				
			第一板		两个款第一次看板	两个款第一次看板				
			第二板			所选款继续修板	所选款继续修板			
			第三板				所选款继续修板	所选款继续修板	订货会	
4		HSW、ACE	楦		找到合适的大底，并开楦投入打样	根据款式调楦				
			大底	双方共同寻找						
			面料	双方共同寻找						
			款式	出两个款						
			第一板		第一次看板					
			第二板			第二次看板				
			第三板				第三次看板并能最后确定板样	定款	订货会	
5		本部	楦	开发新楦	调楦	根据款式调楦	根据款式再调楦			
			大底	寻找厂家开发大底	大底调整后投入打样					
			面料	根据款式风格确定面料						
			款式	出两个款	出两个款					
			第一板		两个款第一次看板	两个款第一次看板				
			第二板			所选款继续修板	所选款继续修板			
			第三板				所选款继续修板	所选款继续修板	订货会	

第四章 样品制作与调整

第五章

生产方式与流程

　　根据鞋靴产品种类不同，鞋类产品的生产过程也大相径庭。但是总体来讲，鞋类产品的生产是个复杂的环环相扣的过程。这一过程需要多个产业、多个部门的配合才能完成，因此作为一个好的设计师，必须了解生产环节的各个步骤，才能更好地将设计与工艺结合，提供既符合人体工学、又符合时代特点的成功作品。

　　由于每个季节生产的产品并不一定都在本公司的生产能力范围，因此有的产品要交由外加工企业完成。生产部门在拿到整个季度的生产任务以后，首先要制订生产计划，确保所有产品能够在交货期前保质保量地完成。

第一节

生产前的准备

一、排样的制作

在进行批量产品生产之前，还有大量的准备工作需要完成。首先是制作排样，然后是计算用料，最后是采购原材料。这些工作都准备好以后，生产部门才能接手开始生产。

排样是制鞋行业的专业用语，是指某一款式产品在批量生产前要制作一整套全码全色产品。排样包括配件辅料排样和鞋靴排样。排样可以用来检验各部分材料、数据等的准确性，这是在批量生产前的最后演习。通常需要做排样的配件有鞋楦、鞋底、鞋跟。

排样生产之前设计师和技师要分别对相应的要求进行确认，要给生产的操作者明确的指令，这些指令要形成文字化的材料，以便各部门遵循。

1.鞋楦排样确认内容：设计师需要确认的内容：楦体的造型美观度是否符合设计要求。

技师需要确认的内容：楦体是否符合人体工学的标准。如有事先准备的鞋跟和鞋底，要确认楦体是否与鞋底鞋跟的技术指标相符。

2.鞋底鞋跟排样确认内容：设计师需要确认的内容：鞋底、鞋跟的颜色要求，材料的使用，风格造型等。

技师需要确认的内容：鞋底鞋跟的厚度、高度，沿条的厚度和高度，以及各种材料之间搭配的合理性等。

以上的内容经过设计师和技师的确认后，形成文字材料，连同样品实物传递至生产人员的手中。以此为根据生产的排样基本上不会出现大的问题。

在生产排样的同时也要对样板进行缩放加工，通常制

鞋工厂会有自己的缩放设备和软件。如果没有相关设备，也可以到小型独立的样板缩放加工公司完成样板缩放。

所有的排样部件完成以后，就可以开始鞋靴成品排样的制作了。制作成品排样是非常重要的一步，能够验证鞋楦放码后的造型是否合理、美观，每个码鞋楦和鞋底、鞋跟尺寸是否合适，放码后的样板是否合理，等等。同时，通过成品排样的制作能够及时发现工艺问题，进而优化制作工艺流程。另外，有时候制作第一板的样品是采用代用材料，那么在制作排样产品时就一定要使用与批量产品相同的材料，这样也可以同时验证材料的牢度、色牢度等指标。因此，成品排样的制作是不能忽略的步骤，没有这一步的把关，出现的问题就会直接影响批量产品，造成巨大的损失。

成品排样通常要做到每个尺码一双或更多。确认没有问题以后，可以分别给企划部门、销售部门、技术部门、设计部门各一双样品作为后续工作的依据。企划部门用样鞋来拍摄照片，用于产品宣传册、陈列手册等相关的材料上；然后可以作为样品室的陈列样品使用；销售部门用样鞋来制订销售预测和订货会依据，同时送质检部门检验，取得产品合格证；技术部门要根据排样来核算各种材料和配件的用料并传递给采购部门进行采购；设计部门要根据样品制订产品介绍和销售标签等内容。另外，还应该对排样进行试穿的检测，试穿至少要持续一个月左右，这段时间如果出现大问题，还来得及在批量生产前进行调整。

经过排样的制作及调试，应该来讲整个款式的相关内容已经基本确定。样品制作人员在试做的过程中如果遇到问题都可以在批量生产之前修正，这样可以保证材料的弹性厚度等都符合款式设计的需要；皮料、里料、辅料等材料的性能都符合要求；经过试穿，鞋楦的舒适度也可以保证符合人体生理的实际要求；鞋底、鞋跟等与鞋楦的契合度也经过检验，不会产生尺寸差异等问题；同时也检验了放码后样板的美观度。

因此，经过排样的制作、调整以及试穿的检验，我们可以放心地订购批量生产所需要的皮革、鞋楦、鞋底、鞋跟以及辅料等。排样的制作就是实践检验设计、材料和制作工艺的过程，只有经过这一步的工作，才能说整个设计的工作基本完成，可以进入下一步程序了。

XX公司底跟排样确认单

型号	底颜色	底材料	跟颜色	跟材料		
排样要点						图片
设计师: 确认日期:						
排样采购数	35码	36码	37码	38码	39码	40码
双/只						
排样技术指标（37码）						
沿条厚度	沿条宽度	前掌厚度	前掌宽度	跟高	其他	其他
排样尺寸修改						
技师:		确认日期				

二、工艺订单表格的制订与传达

经过排样生产，确认该产品的生产工艺等没有问题以后，开发部的技术人员与设计师要将该款产品的各项技术指标综合整理成文字资料，外加实物产品一同交接到生产管理部门的负责人手中。同时也要将涉及采购的部分整理成文字资料，加上材料小样一同交给采购部。

针对该款产品的文字整理是非常重要的资料，关系着批量产品生产的问题，如果出错会导致成本损失、延期交货等问题。尤其是一些涉及外加工企业的订单，由于不能实时监控，一旦出现问题往往来不及改正，因此，各项技术及采购订单一定要有审核过程，确保无误后再行传达。

⬆ 底跟排样确认单主要分为两个部分，其中关于样品的色彩风格等由设计师确认签字，关于样品的技术数据等由样板师完成。在表格中我们看到涉及的技术数据只列出了37码样鞋的数据，这是因为，根据鞋楦放样的数据可以推算出底跟的放样数据，因此技师只要确认其中的一个码，其他码就不用单独确认了，也因此没有必要设置繁复的表格将其一一列出。根据这个表格的内容，设计部门就可以与辅料供货厂家联络排样产品的生产和交货时间。当然，如果本公司具有跟、底生产能力，那么就变成部门与部门之间的沟通和协调时间的问题了。大家可能会注意到，这部分的沟通还是由设计部门完成的，即使是涉及采购的内容。这是因为在这一部分的工作中还有许多可能更改的内容需要及时沟通。如果是长时间合作的供货商，那么样品价格的问题也已经早已形成合同文本，只要在大货订单中加入这部分成本即可。因此，设计部门完全可以完成这部分的采购内容。

XX公司鞋靴主辅料用量下单表

品　　牌：			款号：			楦号：		
生产日期：				上市日期：				

材料名称	配色一	用量（双）	下单数量	合计用量	配色二	用量（双）	下单数量	合计用量
面材	1							
	2							
	3							
里材	1							
	2							
	3							
大底								
内底								
辅料								
缝线								

下单的颜色、码数、数量、鞋带

主材质颜色/鞋码	35/225	36/230	37/235	38/240	39/245	合计	鞋带颜色	鞋带数量	鞋带长度

共合计：

工艺说明：

以上由开发部填写：　　　设计：　　　用量核算：

⬆ 此表格是针对本公司自行生产产品的用量预算表。该表格中首先要列明此款产品的图片、面料、色彩等设计信息，以此确保各部门准确地认识该产品的外观特征。同时要在相应部位附上面料、辅料、配件等实物样品，以供采购部和生产部了解相应信息。该表格的实物信息等由设计师填写，用量核算由技术人员填写。

XX公司鞋靴工艺及数量订单

品　　牌：		款号：	
到货日期：		下单日：	

图　　片	描　　叙	
	楦型号	
	鞋　型	
	主材质	
	里材质	
	大　底	
	饰　物	
	中　底	
	缝　线	

工艺说明：

鞋靴一些主要部位尺寸

鞋　　码	35/225	36/230	37/325	38/240	39/245
大底厚度					
大底长度					
后跟高度					
鞋靴口围					
前翘高度					
围　　度					

下单的颜色、码数、数量、鞋带

主材质颜色/鞋码	35/225	36/230	37/235	38/240	39/245	合计	鞋带颜色	鞋带数量	鞋带长度
共合计									

设计师：　　　　　　　　技师：

　　此表格是针对外加工企业的技术订单，可以作为合同的附属文件。一旦形成合同签订，具有法律效力，因此加工厂家必须严格按照该技术指标完成。

　　同样此表格由设计师和样板师共同完成各自相应的部分，由主设计师确认后生效。

XX公司鞋靴生产工艺修正单

品　　牌		款　　号	930106
颜　　色	黑色	日期要求	9月22日
制造部门		生产一车间	

样鞋图片		鞋靴各部位的修改要求	
	面　皮	黑色牛皮，厚度1.2mm左右	
	里　皮	水染猪里皮（湿摩擦大于3）	
	大　底	橡胶大底（样鞋的花纹和款式都确认，橡胶的耐磨度请确认）	
	跟　高	见大底	
	鞋　带	蜡感圆绳，长度同原来所订大货	
	鞋　眼	枪色的亚光铜气眼，尺寸同样品鞋	
	拉　链	无	
内底外观	中　底	必须放密度好，透气乳胶海绵（厚度2mm）	
	内包头		
	内　底	在左侧下有图片，参考图片	
	缝　线	样鞋的粗细、颜色都确认	
	胶　水	环保胶水	

其他修改要求	
1.	高度：样鞋的高度−5cm，须重新调整气眼的排列
2.	外观线条：参考样鞋的银笔线

工艺要求	
1.	线道整齐，针码均匀，主要部位不应有跳线、重线、断线、翻线、开线及缝线越轨等。次要部位跳线、重线可有一处，每只鞋不应超过两处
2.	折边沿口要求整齐、均匀、圆滑，无剪口外露、不应有裂口
3.	开料：面皮的颜色厚薄松紧要一致，内里皮贴EVA，要铲薄帮面粘好，不能出现印迹
4.	钳帮：帮要整齐，不能出现歪斜胶水痕迹
5.	鞋帮：内里要贴平服，与帮面修剪整齐
6.	打码：位于靴舌距中底处，距边2cm;打码数如230（2）、235（2）、240（2）；颜色用银色
7.	尺寸数据以37码为基准，其他号码依次类推
8.	LOGO必须使用我司传递的电子文本来做铜模，字体的大小根据鞋靴的比例可由贵司来定

制单人：	审核：	日期：2009.4.8

鞋靴生产的过程并不是一帆风顺的，由于种种原因需要对产品的设计和工艺等方面进行修正。有时候一双鞋子确认完成样品前要做好几次初样。如果不做好过程管理，很有可能发生混淆样品完成时间的问题，造成不必要的浪费。因此，良好的修改过程管理能够节约很多时间和精力。

（　　）鞋靴材料采购单

品牌			款号				
鞋楦	说明						采购数量
鞋码	35码	36码	37码	38码	39码		合计（双）
			到货日期		供应商		
价格			电话		联系人		
含税否			传真		地址		

大底	说明						采购数量
鞋码	35码	36码	37码	38码	39码		合计（双）
厚度			到货日期		供应商		
价格			电话		联系人		
含税否			传真		地址		

面料及辅料				
样品	名称		含税否	
	颜色		供应商	
	成分		联系人	
	单价		地址	
	实际用量		电话	
	采购数量		传真	
样品	名称		含税否	
	颜色		供应商	
	成分		联系人	
	单价		地址	
	实际用量		电话	
	采购数量		传真	
样品	名称		含税否	
	颜色		供应商	
	成分		联系人	
	单价		地址	
	实际用量		电话	
	采购数量		传真	

填表人　　　　　审核　　　　　填表日期

此表格是根据技术开发部门最后对产品的用量进行核算后总结的材料购买数据。交由采购部以后，采购部就可以开始批量采购各种材料了。

采购部与供货商确定好交货时间以后要第一时间通知生产部门，以便生产部门安排生产计划。

第二节
生产流程

一、生产设备

从早期的手工作坊到现代的工业化生产，鞋靴制作工艺发生了巨大的变化。由于多种制鞋设备的发明使用，人们可以在短时间内完成大量产品的制作，这就都需要机械化生产设备的辅助。下面表格中所列的设备为普通皮鞋生产所需的部分设备，由于生产工艺的不同，需要的设备也大相径庭，因此在建立生产线的时候需要根据实际情况而定。

设备名称	数量	用途
平面修饰机	1	帮面熨平
削皮机	1	皮料削薄
打码机	1	帮面打尺码
高台针车	2	制鞋帮面车线
双针罗拉针车	1	制鞋帮面车线
人字车	1	两块面皮拼在一起
压缝机	1	拼缝、加强带压平
风霸枪	1	打鞋跟钉子
吹线机	2	线头、面皮整平
烘箱	1	鞋子高温定型
砂轮削边机	1	帮脚起毛
小烘箱	1	贴底加温
万能压合机	1	鞋底贴好加固粘牢
液压钉跟机	1	钉鞋跟机器
自动定型机	1	鞋面翘度定型
裁断机	1	裁面料、辅料
烫金机	1	烙印商标
拔钉器	1	拔钉
靴筒整型机	1	靴筒整型
罗拉粗线车	1	帮面专业粗线车
罗拉高台针车	2	制鞋帮面车线
削边机抛车	1	帮脚起毛、辅料削薄
流水线	1	贴底专用

烘干设备。在鞋靴产品的生产过程中有很多步骤需要黏胶程序，为了提升胶水的黏合度和提高生产的速度，各种烘干设备是必备的。左图中有两种烘干设备，一种是固定式烘箱，适合完成绷帮后的烘干；另一种是流水线式移动烘干设备，适合完成许多黏合过程的烘干。

定型设备。由于鞋靴产品是由平面材料转化为立体造型，因此很多部位需要依赖定型设备的使用。如图所示；一台是帮面定型机，可以根据鞋子的前帮面和后跟帮面加入机器设备的压力，使皮料服帖，鞋楦形成顺滑的造型。另外一台是靴面定型机，适合于脚弯处没有切割线的款式。

缝制设备：平缝针车、双线缝车、Z字形缝车、粗线缝车等，都是要根据生产产品的风格种类而决定是否需要的设备。有时候为了达到设计效果，一定需要某些特种设备，但使用量可能较小，因此可根据生产量购置少量特种车缝设备即可。

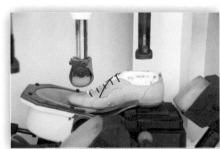

黏合设备也可以称作固定设备，通常在黏胶之后需要强大的外力使黏合部位达到良好的固定效果。另外钉跟机也可以作为固定设备的一种，其目的是确保鞋跟稳固。

打磨设备。在整个鞋类产品的生产过程中打磨设备是必不可少的。有的位置需要用打磨设备将皮料削薄，以便使想叠加的裁片不至于太厚；也有的位置需要打磨过后增加胶水的黏合力。合适的打磨设备能够提高产品的质量以及生产效率。

品牌鞋靴产品策划——从创意到产品

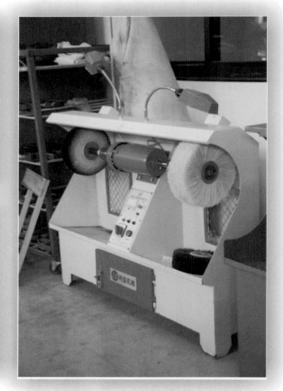

裁切设备

为了保证生产的速度和皮革材料边缘的整齐，皮革材料的裁切一般采用液压设备与裁刀结合的方式。根据款式的不同，每款鞋靴产品都会产生多种裁片，每一个裁片都要制作出相应的裁刀，而且每个鞋码要有一套裁刀，因此往往一款鞋子的生产会使用数十个裁刀，而且除此款式外不能重复使用。

我们看到图片中裁刀被涂上不同的颜色，这是为了区分不同鞋码。另外，裁刀一般都是在刀具公司定制，这证明了鞋靴行业对其他行业的依赖性，也是导致该行业进入门槛较高的特性。

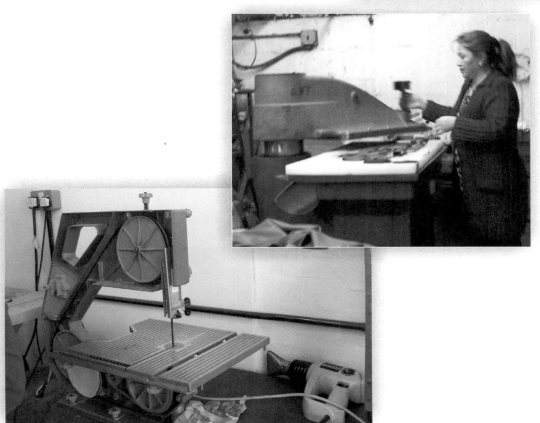

↑ 在使用机械切割皮料之前，一定要通过人工对皮料各部位进行划分，这一步称为划料，同一双皮鞋的相同部位要保证颜色、皮料纹理状况尽量接近。

↑ 机械切割完成后要将同一双鞋的对应部位放在一起，便于下一步工作的展开。

二、生产流程及各部门主要任务

批量生产的工作主要由几个部门组成：剪裁部、缝制部、绷帮部、底部、后整部。

（一）剪裁部

剪裁部主要的工作内容包括划料、批皮、辅料裁剪整理。

1. 划料：根据划料样板在面料上划、剪切皮料。同一双鞋的相同部位必须尺码相同，皮纹、粗细均匀。

2. 批皮：对鞋帮材料相应需要的部位进行批皮削薄处理，必须根据工艺单注意削薄的宽度、厚度。

3. 辅料整理：根据辅料样板对皮鞋的前里皮、后里皮、衬布、轻泡、EVA、包头、主根、商标、鞋垫等进行剪裁整理。注意大小、尺码等相同。某些辅料，比如里料、包头、主根等部件的边缘如果过厚，则需要批薄。包头、主跟的边缘要打磨平整。

（二）缝制部

缝制部主要的工作内容是完成样片之间的粘贴、缝制和连接。

1. 做帮：根据做帮样板，依照工艺单对前面裁切好的样板进行再次划料，部件之间进行粘贴，内里等部件基本用胶水固定在帮面上。

2. 车帮：依照做帮人员在面料上划线、定位等记号，对整个帮面进行缝合，通常车缝和粘贴等工作是互相穿插的，因此有时做帮和车缝的工作人员是一对一的。

3. 整理：简单处理皮料表面的记号等，做好基本的外观清洁工作。还包括商标、货号、尺码等的缝制、印制工作。

（三）绷帮部

绷帮（钳帮）部主要的工作内容是将缝制好的帮面与中底等部位连接并在鞋楦上定型。

1. 准备：在绷帮之前将帮脚多余部分清除，放置包头主跟，在相应位置刷胶等。

2. 绷帮：也称钳帮。可以用机械操作，也可手工操作。主要就是将包头和主跟根据鞋楦固定起来，然后再将帮腰位置手工固定。

3. 后整理：锤鞋、热风去皱、加热烘干、拔钉、烘线头等工作要在这一步完成。

（四）底部

底部主要的工作内容是完成将帮面与鞋底之间的粘贴、缝制等连接工序。

1. 打磨：将鞋底表面和套好帮面的鞋楦帮脚处进行打磨处理，以增加贴底的黏合牢度。

2. 贴底钉跟：鞋底和帮面刷好各种处理剂和胶水，将两者黏合。有的鞋靴鞋跟与鞋底是分开式的，那就还要在这一步工作中将鞋跟钉好。

3. 压合：用压底机将帮面和鞋底压合，以保证黏合质量。

4. 后整理：脱楦、贴内底、抛光、穿鞋带、清洁等工作内容要在这一步完成。

（五）后整部

后整部主要的工作内容是鞋靴出厂前的最后整理，以及外观处理和检验、包装。

1. 检验：检验同双鞋的尺寸、颜色、货号等内容。

2. 包装：根据要求将鞋靴包装好，并且在包装内放入合格证、产品说明、保养说明等必要的内容。

↑ 生产的各个部门都需要有不断的整理工作，因此整理部门的工作是贯穿整个生产过程的。图为帮面缝制前的黏合步骤。

↑ 钉跟的工作属于底部工作的重要部分。

第三节

质量检验

很多时候由于产品的生产方不同，需要质检的方式也随之调整。如果是本公司的生产部门生产的产品，在进行自行质检后就可以送到政府相关管理部门进行送检，送检的产品应该是从批量产品中随机抽取的。

如果生产方为第三方公司，那么本公司可以要求第三方生产者提供政府部门的正规检验合格证，也可以派出质检人员(QC)到第三方工厂进行检验后接收合格产品，然后抽取样品再到公司所在地质监部门进行质量检查。

无论是在哪里生产，检验所需要的文档系统建立都是非常重要的，能为将来的产品质量统计、主管部门检查等提供有力的证据，甚至在合作双方出现分歧的情况下作为法律证据出现。因此，生产部门在组织好生产的情况下，还要做好各种文档资料的整理和保留。

合 格 证

产品等级：合格品
检验员：

标　准 QB/T 1002-2005
品　名　牛皮单鞋
款　号　810015
鞋　号　36/230
型　号　2
等　级　合格品
主材质　牛皮
里材质　100%棉
大　底　牛皮大底
　　　　天然橡胶底
色　号　40(绿色)
价　格　1828.-

810015404

6 944070 311168

虽然合格证是可以自行设计的，但其中的内容是有规定的固定文字，不能随意删减，而且在进入商场等卖场之前需要出示地方政府的质检部门出具的正规检验文件，如果缺乏检验文件，商场是可以拒绝产品上柜的。

鞋类质检报告

生产部门：上海XX鞋业有限公司		货号：J897830款	合同编号：

<table>
<tr><td rowspan="3">概况</td><td>要求货期</td><td></td><td>要求数量</td><td colspan="2">390双</td></tr>
<tr><td>到货日期</td><td>2011年10月6日</td><td>实际到货数量</td><td colspan="2">382双</td></tr>
<tr><td>备注</td><td colspan="4"></td></tr>
</table>

<table>
<tr><td rowspan="6">质检情况</td><td colspan="2" rowspan="2">分　类</td><td rowspan="2">数量</td><td colspan="3">原因明细</td></tr>
<tr><td>面皮刮伤、粗细，翻底线等</td><td>包头支跟/支跟包头长短不一致，高低不一致</td><td>鞋帮松面皮不平整、皮纹粗细不一致</td></tr>
<tr><td colspan="2">合格品</td><td>283</td><td></td><td></td><td></td></tr>
<tr><td colspan="2">不合格品</td><td>99</td><td></td><td></td><td></td></tr>
<tr><td rowspan="2">轻微</td><td>可修复</td><td></td><td></td><td></td><td></td></tr>
<tr><td>不可修复</td><td></td><td>30</td><td>42</td><td>27</td></tr>
</table>

<table>
<tr><td rowspan="2">质检结果</td><td>（一）面皮粗细、松面。
（二）鞋面刮伤、斑点、血尽。</td></tr>
<tr><td>XXXX有限公司—配饰部　　　质检人：刘XX　　　日期：2011年10月16日</td></tr>
</table>

<table>
<tr><td rowspan="2">处理意见</td><td></td></tr>
<tr><td>部门经理：　　　　　　　　日期：</td></tr>
</table>

　　质检报告中不仅要写明合格产品数量，还要指明不合格产品的问题所在，甚至有时候在实际操作中为了能让生产方接收退货，还需要在每双退货的鞋上指出问题所在。

第六章

销售预测与订货

根据情况不同，每个公司召开订货会的人员组成都有不同。有的是公司直营店的销售负责人，有的是代理商代表，也有的是百货公司的买手。然而，无论订货会人员如何组成，应该说他们都是对目标消费者极其熟悉，活跃在销售第一线。他们对于消费者的了解能够帮助他们判断消费者的消费倾向，从而为批量生产提供合理的数据。

对于品牌公司而言，订货会是公司运营中非常重要的环节。订货会的召开能够帮助公司在产品生产前预期原材料的采购数量、人员的配置、生产周期的安排等内容，能够最大限度地合理利用公司资源。因此，现在有越来越多的品牌公司开始重视订货会的召开。

大部分的品牌公司一年召开四次订货会，甚至更多。为了保证订货会的顺利召开，在订货会开始前有大量的准备工作要完成。

一、准备全款、全色样品，设计展示方式

大部分的鞋靴公司采用静态形式来展示产品，这就需要根据产品特点设计展示方法，凉鞋和靴子等产品通常需要特殊展架才能很好的展示产品。另外，有的公司不仅生产鞋靴产品，也生产服装等其他产品，这样的公司通常采取动态展及服装秀的形式进行产品展示，这时候设计部门不仅要提供样品码产品（通常36码），还要提供全色的模特儿码产品（39~40码）。由于鞋靴产品制作过程具有环环相扣的特点，制作模特儿码样品会增加很多工作内容，延长样品制作时间，也会增加很多打样成本，因此要提前更多时间做准备并且做好额外的样品材料预算。

样品鞋上面还需要贴上对应的产品编号等信息，有的公司还给每款鞋子起名字，使之更拟人化，让消费者和订货者对其产生一定的感情。例如，德国品牌Trippen的所有产品都有其延续的名称，有的系列已经开发了十几年，让消费者对该系列产生了深厚的感情。

如果产品过多，还可以使用一些辅助的现代化设备，使订货和统计过程变得轻松。例如，有一种手持式的条码数据采集器，公司只要给每双鞋子贴上条码，订货者可以用读码器扫描鞋子上的条形码，读码器的屏幕上就会出现该产品的颜色、码数等信息。订货者根据需要输入每种产品订货数量，公司只要读取每个读码器上的数据，就可以轻松地完成订货这个以往被认为忙乱、劳累的工作。

二、制作订货手册

制作订货手册需要提供清晰的照片、产品编号和名称、尺码数据、颜色范畴、价格等信息，并且要制作合理实用的订货表格，让订货者能够清晰地明白所订产品的情况，同时也能够方便后期数据的统计。订货手册是公司的重要资料，因此公司要保证订货会期间准确发放订货手册，并在结束后回收每一本。

三、制订订货流程和规则

通常涉及订货会的信息都是需要严格保密的。因为，设计理念和订货数据是企业的重要信息，因此订货会期间的信息要严格保密。除邀请的媒体人员外，其他人都不允许带摄像机、照相机、有照相功能的手机等入场。这些规定需要在订货者进入会场前明确告知，要解释清楚才能让代理商和买手理解公司的规定，并乐于配合。有些公司没有提前告知，导致不愉快的订货氛围，对订货工作产生负面影响，是非常不值得的。

订货会的召开是每个公司的大事，是公司与代理商、买手等聚会交流的最好时机，好的订货会具有展示公司的实力水平、风格特点、聚集焦点、制造宣传热点等作用，因此需要公司各部门共同努力。同样，没有经过良好准备的订货会只会影响订货效果，且达不到推广产品的目的。

订货会的召开会给产品设计和架构带来很多流行信息和建议，有时候最初的设计理念和产品架构的设置不得不跟随这些信息和建议而改变。因此，在了解了这些信息和建议后设计部门往往还需要根据公司情况对产品做进一步的调整。有些调整只是简单的款式修改，有些可能导致某款产品的取消，所有的调整完成后结合订货会的数据就可以开始组织准备生产了。

XX公司2011春季鞋靴销售下订单量

图片、款号	预定波度	改动说明	下订单量	合计
810011	一波 1958	两个色	灰白色：35码15双，36码73双，37码85双，38码64双，共237双 黑色：35码30双，36码82双，37码93双，38码66双，共271双	508双
810012	二波 1958	一、黑色——BLACK PAN（47-2） 棕色——GREY SN（46-2） 蓝色——不改 二、黑色	蓝色：35码10双，36码90双，37码100双，38码67双，共267双 黑色：35码10双，36码45双，37码50双，38码30双，39码22双，共157双	424双
810015	三波 1828	GREENLN 34-2 O/BROWN BG 32-1 两个色都做	米色：35码10双，36码56双，37码61双，38码36双，共163双 汗青：35码16双，36码72双，37码70双，38码56双，共214双	377双
810014	三波 1828	一、BROWN GYM（19-2） 二、黑色 两个色都做	黑色：35码16双，36码80双，37码84双，38码66双，共246双 浅棕色：35码16双，36码65双，37码70双，38码50双，共201双	447双
合计：1756双	制表：	审核：		

根据订货的数量，销售部门总结好每个款式的生产数量后交给生产部门进行生产工作。

⬆ 订货会开始前，销售部门会将本季所有产品分门别类地展示，有时候也会先安排小型的模特儿展演。但是大部分的情况是将产品排放好，由设计部门的负责人向各经销商或店长介绍产品特点、风格等，介绍完毕后，与会者可以互相交流意见，然后开始订货。

款号：ZWS92002	款式描述	木底高跟凉鞋			评价和建议：		
	风格系列	自然舒适					
	面料信息	小牛皮/木底跟					
	上市波段	夏二波					
	预设价格	890.00					
颜　色		35码	36码	37码	38码	39码	合计
棕　色							
黑　色							

⬆ 订货会过程中，由销售部门提供给代理商或店长的表格中简单介绍该款式的情况，只要订货人与实物产品对应即可。订货人在各尺码和颜色的相应位置填上订货数量即可。数据整理以后，如果有某些款式存在订货不足的情况，销售部和设计部还可以进一步地推广，或取得大家同意后取消该款。

随着科技的发展，订货方式由最原始的填充表格、人工统计，到近年来较流行的条码数据采集器，再到最近的iPad的流行（有的公司专门根据订货需要开发了iPad专属的APP），有了很大的改变。科技的进步不但给工作带来了便利，还在无形中使订货者对该公司与时尚接轨的能力有了肯定，进而对公司的未来发展有了信心。

XX公司销售周报

	款号	销量	色 码 比
畅销款	639810	9	色码比：10#：54#：90#=2：1：6　尺码比：35：36：37：38：39=0：6：2：1：2 　　本周为侧柜出样，以店员推荐为主，与635109搭配试穿的成交率低，基本为单件消费，较多顾客喜欢自主搭配，购买的顾客脚型较好，消费集中在37码
	638725	6	色码比：10#：54#：90#=3：2：1　尺码比：35：36：37：38：39=1：3：6：3：0
	639809	5	色码比：10#：41#：54#：90#=0：3：1：1　尺码比：35：36：37：38：39=1：5：6：3：1 　　本周为模特儿出样，带动了销量，顾客对1#的接受度较54#高
	631208	5	色码比：10#：40#：50#=2：2：1　尺码比：35：36：37：38：39=0：3：6：3：2 　　前期销售不理想，本周根据天气情况，在正面点挂展示结合店员推荐，销量上明显，与635119和631103搭配均有销售
	635119	4	色码比：20#：60#：80#=1：2：1　尺码比：35：36：37：38：39=1：6：6：3：2 631208款的成套销售带动了该款的销量
滞销款	639817	0	色码比：54#：30#=0：0　尺码比：35：36：37：38：39=1：0：0：1：0 　　上柜时销售一般，相对54#销售略好，普遍反映版型偏小，当地顾客对色块拼接的设计接受度低
	636727	0	色码比：40#=0　尺码比：35：36：37：38：39=0：0：0：0：0 　　上柜至今无销售，顾客的试穿率低，反映款式厚重，较烦琐
天气状况			本周天气以阴天为主，时而有小雨，气温为18~28℃，比较闷热
促销活动			商场活动：（1）中国移动金鹰特别折扣活动，凭移动短信可享受8.5折；（2）满300元送80元券 其他品牌：德诗、朗姿、柯利亚诺、卡迪黛尔、米欧尼MustBe、卡利亚里参加商场（1）活动；德诗、朗姿、卡利亚里、卡迪黛尔参加商场（2）活动
商场排名			10.9~10.15：1.白领23万　2.柯利亚诺19万　3.宝姿18万　4.米欧尼12万　5. MustBe 12万　6.玛丝菲尔11万　7.吉芬10万　8. 朗姿10万　9.卡利亚里10万　10.卡迪黛尔10万　11. OTT 9万
其他分析			本周业绩8.6万，较上周上升34%，完成10月份指标46.2% 　　1.因商场的促销活动力度较大，带动了客流的上升，本周业绩上升明显，顾客试穿后的成交率高，因新顾客较多，成套销售较以往有所下降 　　2.（1）因天气较热，顾客消费以凉鞋的款式为主，平底凉鞋和中跟类的需求上升，故秋二波的销量由上周的22%上升到本周的36%，而秋四波则下降了3%，销量占31%。（2）休闲鞋类销量与上周持平，各款动销相对均匀，靴类因改变陈列，顾客的关注度较高，销售好于前期；针对上周全口鞋无销售的情况，本周要求店员根据顾客的特点和穿着状态对634225和634724两款作重点推荐。两款均有销售，下周继续跟进 　　3.本周消费顾客共62人，占进柜率60%；其中外地客流占40%，成套销售比率与上周同比上升16%；本周收集顾客信息卡反馈表18张，一次性消费满3000元的顾客共3人。从销售跟进统计情况看，还需加强店员引导客群成套消费能力 　　4.朗姿、卡利亚里、卡迪黛尔因参加商场推出的两项促销活动，故本周的业绩较平稳

　　销售部门的销售分析有很多种形式。年报、月报、周报、日报都是必不可少的，这能够给管理人员十分确切的数据，以便随时调整销售策略。每隔一段时间的销售分析也是重要的工作内容，如表格内对款式、陈列等方面的分析可以给设计部门提供以后设计的建议等。对天气、商场排名等内容的分析可以作为销售部门日后出货安排的数据支持。公司对于以上的销售分析既要作为保密资料进行保存，又需要让各相关部门认真地研读。

第七章

产品包装与卖场陈列

开发品牌鞋靴，不仅产品设计要有时尚感和设计理念，就连产品包装和卖场陈列也可以作为体现产品特点、设计创意和理念的载体。包装和陈列与产品一起传递了品牌的风格特征，是创建鞋靴品牌工作中的重要内容。

产品包装和卖场陈列的工作可以由公司宣传部门和设计部门的工作人员在艺术总监的指导下共同完成。鞋靴产品设计师根据自身对产品特点的了解，提出设计概念和细节等信息，由宣传部门结合营销手段提出补充意见，最终由宣传部门落实具体工作。

品牌鞋靴产品策划——从创意到产品

一、包装设计的内容

对于品牌鞋靴产品来讲，包装设计不仅仅是一个鞋盒那么简单，还包括很多内容。包装形式是否符合本公司的一贯风格或者当季的主题，包装形式和内容是否符合国家以及卖场对此方面的规定和要求，包装的方法是否能够确保产品在运输过程中的安全，都是设计者要考虑的问题。

包装盒内的信息说明等要根据国家各部门和卖场的规定而设置。如左图，合格证、保养说明、"三包"说明等可以根据产品风格自行设计，但是规定的文字内容是统一的，不能随意改动。而产品三包卡则由各地市的消费者协会出具带有公章的统一形式，不可自行设计，而且具有一定的时效，过期需要补办。

二、包装的作用

（一）包装的功能性

首先，包装最重要的功能就是保护鞋靴产品从生产结束后到卖场展示之间的这段时间的运输和保存过程中的外部美观和内部整洁。要使产品完美地呈现在消费者面前，防潮、防霉、防压等多种因素都是在设计时需要注意的问题。

不同的鞋靴种类要求的包装形式也不一样，凉鞋、单鞋、靴子所用的支撑材料也各有特点。但总体来讲，都是为了保持产品造型的挺括性和外观的美观度。

其次，包装也具有一定的信息承载作用。通常外包装上面需要标明鞋靴产品的款号、颜色、尺码、生产商地址电话等内容。包装还应该包括产品合格证、产品保养说明等内容。对于这些标示，国家都有具体规定，另外不同的卖场也有各自的规定，因此在设计之前要首先了解各方面的相关规定。

⬆ 各种内部支撑材料既可以在市场选购，也可以根据产品的特点自行设计。

⬆ 本款产品的包装袋采用的是厚帆布制作的布袋形式，之所以采用布袋，是由于真皮类产品在生产的过程中有时会存留一部分水汽，如果使用不透气的塑料包装，在遇冷或热的情况下会浸湿产品，引起掉色或发霉等情况。

布袋使用非一次性材料，消费者可以用来装其他的物品，避免了一次性材料的浪费。

外包装为抽屉式硬纸盒，具有抗压和透气的功能。同时纸盒上自带拎带，节省了再用一层包装袋的成本，也符合公司一贯提倡的环保低碳概念。

（二）包装的艺术性

品牌鞋靴产品策划也会将包装作为产品设计的一部分。根据产品的风格特征，包装可以设计得或精致、或粗犷、或简约、或繁复。符合品牌鞋靴产品风格的包装能够为品牌带来更多的附加值，反之则成为产品的累赘。因此，重视产品包装的设计是品牌鞋靴产品策划的必经之路。

有时候包装设计甚至能够成为产品宣传的手段。例如New Balance在德国的Bead & Butter街头时尚商展时找来了知名行销公司Canoe帮他们做一系列的主题陈列，将New Balance坚实品质的印象，通过New Balance的鞋盒表现出来，以回归球鞋工厂的概念来呈现主题。

↑ New Balance "Shoe Box" Flimby Factory 鞋盒创意 www.kicks123.com

知名运动品牌Nike和Puma的包装设计也具有十分鲜明的特点。这样的独特包装有时可以引起消费者的冲动消费。

Air Jordan XVII之后，每年Jordan Brand都会在鞋盒上面大做文章，使之成为关注乔丹消费者的一大收藏爱好。这无疑对于产品的销售和品牌的提升起到了重要的推动作用。

Nike Air Jordan 2010 在鞋盒的设计上做足了文章

第二节
陈列的设计

陈列设计是通过设计，运用空间规划、平面布置、灯光控制、色彩配置以及各种组织策划，有目的、有计划、有逻辑性地将陈列的内容展现给受众，并力求使受众接受设计者传达的信息。从陈列设计的角度而言，设计的目的并不是陈列本身，而是服务于陈列的商品。

针对任何产品的陈列设计都要充分考虑到展品本身的特点，鞋靴产品的陈列也不例外。

一、陈列要求

除了产品陈列所要求的空间、灯光、角度等一些基本原则以外，对于鞋靴产品的陈列应该更多地考虑到产品本身的特点。

1. 鞋靴产品目标较小，为了吸引消费者的注意力，需要放置在更接近消费者目光触及频繁的区域。同时，在与其他产品一起陈列时要尽量保证不被遮挡，以免被消费者忽略。

2. 大部分人的右脚会比左脚偏大，陈列时放置右脚试穿鞋会促进试穿的成功率。

3. 在与其他产品共同销售时，尽量将鞋靴产品放在统一规划的区域，使消费者了解到整盘货品中的鞋靴款式，如果零散摆放很容易被忽略。

由于包袋的体积较大，因此放在鞋靴的下面一层货架上，也能够引起消费者的注意。

在整个卖场中，鞋靴产品处于中岛核心位置，服装和包袋分别放置在卖场四周，整个卖场的关注点分布非常均匀。如果将鞋子和服装的陈列位置互换，消费者很可能忽略鞋子的存在。

4.鞋靴产品的陈列与服装陈列的关系。在处理鞋靴产品和服装产品的陈列关系之前要考虑服装和鞋靴产品在公司销售业绩中所占的比重，或者当季销售的预期。如果鞋靴是作为配饰，为了搭配服装，鞋靴通常放置于模特儿脚的位置，或者放置于悬挂的服装的地面处，这样从视觉习惯上看起来比较合理，使整套服装看起来完整。这种形式比较适合远距离欣赏，更多地被应用于橱窗陈列。如果是卖场内陈列，会由于消费者的观赏习惯而不容易注意到鞋靴产品的存在，因此不利于鞋靴产品的销售。

如果鞋靴产品是销售的主力，那就要将鞋靴产品放置于与服装同等或更容易被看到和接触的位置，以利于消费者观察、欣赏和触摸该产品，以此促进产品的销售。

⬆ 新加坡安逸猿（BAPE）专卖店，服装与鞋靴是作为一整套出现，鞋子摆在服装下方，形成合理的陈列，比较适合远距离观赏，更多地应用于橱窗陈列。

⬆ 布鲁塞尔Waffles运动鞋店，运动鞋作为公司的主力产品，摆放的位置比服装更明显。

鞋子放在与消费者平视高度的货架上，不容易在拥挤的陈列中被忽视。

Discovery品牌的延伸产品非常丰富，服装、书籍、户外旅游装备等应有尽有，卖场很大，鞋子被集中放在一个区域，消费者可以有目的地进行选择。否则几百平方米的卖场分散陈列，会导致消费者失去购买的兴趣。

二、陈列方式

1. 根据当季主题进行的陈列。有的产品陈列是根据当季设计主题，选择最具代表性的内容进行展示的。这样的展示能够充分地向消费者表达当季产品设计的理念，传递最新的流行趋势，使消费者感受到即将到来的时尚。

2. 根据产品系列开发模式进行的陈列。鞋靴产品的陈列可以按照楦型、跟高、款式、色彩等鞋靴产品设计开发时所遵循的系列元素而进行陈列分类。根据楦型分类陈列能够方便试穿，同样的楦型穿着的舒适感相同，只要顾客喜欢该楦型，就能够在陈列相近的位置找到同一楦型的其他款式、其他色彩的产品，这种方式多用于男鞋的陈列。女鞋也有应用这种模式，比较多用于高档经典款式。

3. 根据营销时段需要进行的分类陈列。每个季节提供的最新产品自然要摆放在卖场中最显眼的位置，处于销售末期或销售不佳的产品需要被移至次要位置或直接放在打折区域。

4. 根据产品技术特点进行陈列。另外也有很多公司根据自身品牌产品的技术特点采用比较特别的陈列方式。有的品牌比较注重手工技术，陈列时将部分手工艺工具或材料作为展示的一部分；有的公司专注于高科技的技术，陈列时将工艺和技术展示给消费者，这些方式都能够让消费者更好地了解产品的特点，扩展品牌知名度，促进销售。

A ———

B ———

A区和B区分别是不同鞋楦区域，鞋楦相同但款式不同，消费者在试穿时可在同一楦形区域选择不同的款式。

展示产品技术特点和生产技术的陈列方式能够吸引对工艺、功能等特殊性要求较高的消费者。

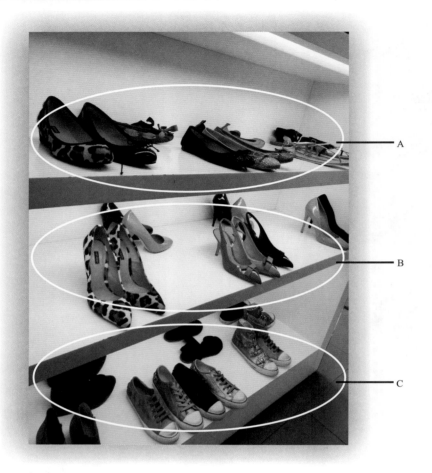

A

B

C

　　图中A区摆放的鞋子都是平底的产品，虽然鞋楦、材料、颜色甚至季节都是不同的，但这一排摆放的鞋子都是有一定跟高的产品，C区摆放的是平底休闲款式。这样的陈列给消费者清晰明了的指导，因为很多消费者在购买鞋子之前会有个心理预期，就是已经考虑好自己大概要什么样跟高的鞋，搭配什么样的服装，因此这样的陈列方式比较符合大部分人的购物行为方式，也是行业内采用比较广泛的陈列手法。

　　这样的陈列方式同时也是根据产品开发的思路而来的。前面的章节我们提到过产品开发系列化设计的方式，图中的陈列方式就是根据鞋跟进行系列设计的模式，陈列也可以借鉴该模式。

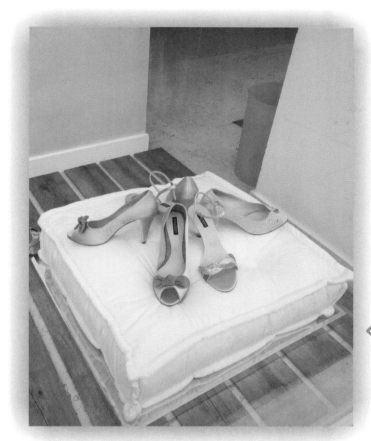

Nine West品牌专卖店橱窗内的银色主题系列，每一双鞋子都是不同的款式、风格和鞋楦，但是银色主题的统一使产品的陈列具有强烈的一致感。

同一卖场，新产品被陈列在橱窗内，并根据色彩、款式和风格等因素进行分区陈列。

同时，打折产品放置在门廊区域，陈列比较简单，既没有色彩分区，也没有主题分区，产品陈列呈无序状态。

产品陈列的附件等配件可以在市场上直接购买，针对不同的产品，都有适合的支架等配件可以选择。然而要想提高陈列的视觉冲击力和品牌产品的独特性，很多公司选择与室内建筑师或产品设计师合作，为产品量身定制适合的陈列器具。

第八章

案　例

Amazing 生活
Amazing 工作
因为我有Amazing·Style

2011春夏产品策划书

虚拟品牌 "Amazing · Style"

一、品牌定位

品牌风格定位：高雅、自信、享受生活。

分析：品牌希望聚集对生活充满信心，又懂得如何享受生活的人，在勤奋工作的同时，懂得珍惜生命。

品牌消费者定位：25~45岁时尚女性消费者，成功职业女性。

分析：品牌的目标消费者是已经走入工作岗位，并且小有成绩的职业女性，她们对于工作和生活的意义具有自己独特的理解角度，不矫揉、不做作，具有成熟女性的吸引力。

品牌销售模式定位：中高档商场设立专柜。

分析：中高档商场是本品牌目标消费者消费的主要场所，她们喜欢在短时间内接受大量的流行信息，在忠于本品牌的同时又能关注到其他产品的流行趋势。

品牌价格定位：680~1880元。

分析：本产品采取不打折政策，让消费者已购买的商品始终具有其购买时的心理价值。

品牌产品定位：高跟皮鞋、休闲鞋、少量木底等特殊工艺产品。

分析：根据消费者的生活状态，本品牌提供消费者需要的各种基本生活状态中需要的鞋款，主要包括：工作状态下的职业鞋，社交生活状态下的高跟鞋、礼服鞋，休闲生活状态下的平底鞋、休闲鞋。

二、流行信息的收集

根据品牌的需要，在设计开发工作开始前，设计团队进行了信息收集的工作。设计团队对最新季知名品牌的服装服饰产品、展会信息、媒体资讯、本公司销售状况等都进行了细致认真的信息收集和分析，结果如下：

1. 2011年服装产品继续延续2010年的膝上长度连身裙，只是在结构上有更复杂化的发展，针对这种趋势可以开发相应的低帮高跟鞋和平底凉鞋等款式，是非常合适的搭配。

2. 合体的铅笔裤和各色丝袜也在各时装周大放异彩，预示着丝袜的流行还在持续高温，相应的鞋款搭配比较适合的有满帮浅口高跟鞋和轻松便捷的平底鞋。

3. 各色以鲜花为主的图案充斥了各大品牌的服装产品线，预示着充满田园风格的花色面料是将要流行的细节元素，这种面料可以在凉鞋等产品的内里等部位出现，给严谨的款式带来一些轻松的跳跃的小惊喜。

4. 规则和不规则形状的拼接使用成为各种饰品的主要表现手段，这种不规则搭配也可以用于鞋款的饰扣或图案的设计应用等，能够给产品带来一些个性化的元素。

5. 各种展会的信息收集表明，近年来人们对于木质鞋底的使用越来越感兴趣，这种自然环保的材料受到很多提倡环保理念的潮流人士的推崇。由于本品牌的目标消费者对于社会与自然都比较关注，因此，推出一系列木质鞋底产品，应该可以吸引一部分消费者，也为品牌产品的多样性提供了机会。

6. 根据上年同期销售数据的显示，本品牌销量前三类的产品是正装类全帮浅口鞋、晚装类高跟凉鞋和平底休闲鞋。因此，本季度的产品构架重点还应该是以上三类产品。另外，上年同期公司推出的硫化鞋销量一般，虽然是整体鞋类市场的流行趋势，但不十分符合本品牌消费者的口味，因此本年度只为消化前期剩余材料，少量推出硫化鞋，并将其逐渐退出本品牌的产品架构。

主题——纽约of 1970's

纽约是个包罗万象的城市，容纳一切的美与不美、对与不对、好与不好……生活在纽约如同拥有多样人生。

夜色诱惑——每个夜晚

纽约有无数的酒吧、剧院、演唱会的炫目灯光在考验着人们的视觉、听觉、触觉……夜晚发生的故事动人、离奇，充满想象的空间，留给观者无限的自由。

Amazing·Style 2011 A/A

　　本案例的主题为"纽约of 1970's"，主旨为20世纪70年代的纽约。本主题的设立实际上透露了本案例的消费群的很多信息，例如70年代，代表了消费者的主要年龄群，纽约似乎暗示了消费者所生活的场所或者产品所要营造的场合氛围。

朝九晚五——纽约

人个个都是工作狂，疯狂地享受夜晚过后，似乎人人都若无其事地、毫无倦意地开始新的一天，同时做几份工作是年轻人引以为豪的谈资，创造财富、创造价值，总之要创造……

Amazing·Style 2011 A|A

　　根据案例"纽约of1970's"，又分为三个小主题，分别为夜色诱惑、朝九晚五和郊外周末。三个主题分别代表了消费者的三种生活状态，分别是夜生活、工作状态和休闲状态。

周末郊外

——在这个城市待久了，一定要出去走走，拼命工作，拼命享受，都要用尽力气，让人透不过气来，换上舒适的鞋子、背上行囊，去外面走走，虽然清楚地知道一旦离开这个城市立刻就会被思念包围。

Amazing·Style 2011 A/A

根据主题提炼出的图片被分成三组，分别作为色彩提炼的素材。

流行趋势

不规则形状结合应用

镂空

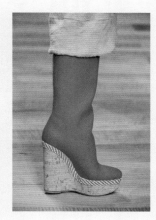

木质厚底

大色块拼接

细带应用

重视踝部设计

Amazing·Style 2011 A/ A

对于当季或前几季流行产品的借鉴与分析，是在设计产品之前一定要关注的问题。

产品架构

系列	工艺分类	款式	跟高（cm）	数量	价格（元）	码数	一波上市（款）	二波上市（款）	三波上市（款）
夜色诱惑	皮鞋	全帮浅口	9	2	450~600	36~40	2	—	—
			7	3	450~600	36~40	2	—	—
			5	5	450~600	35~39	3	2	—
		前空浅口	9	2	420~520	36~40	1	1	—
			7	4	450~550	35~39	1	2	1
			5	2	450~550	35~39	1	1	—
		后空浅口	9	2	450~550	36~40	1	1	—
			7	4	450~550	36~40	1	2	1
			5	3	450~550	35~39	1	1	1
		凉鞋	9	3	380~480	35~39	—	1	2
			7	3	380~480	35~39	—	1	2
	木底鞋		7	3	420~520	35~39	—	1	2
			5	3	420~520	35~39	—	1	2
朝九晚五	皮鞋	全帮浅口	7	5	450~550	35~39	3	2	—
			5	4	450~550	35~39	2	2	—
			3	4	450~550	35~39	2	2	—
		前空浅口	7	2	320~420	35~39	1	1	—
			5	3	320~420	35~39	1	2	—
			3	3	320~420	35~39	1	2	—
		后空浅口	7	2	320~420	35~39	1	1	—
			5	4	320~420	35~39	1	2	1
			3	4	320~420	35~39	1	2	1
		凉鞋	7	3	280~380	35~39	—	1	1
			5	4	280~380	35~39	—	1	2
			3	2	280~380	35~39	—	1	1
郊外周末	硫化鞋	高帮	2	5	220~320	36~39	3	2	—
		低帮	2	5	220~320	36~39	3	2	—
	成型底	低帮	3	6	220~320	36~39	4	2	—
		低帮镂空	2	6	220~320	36~39	—	3	3

Amazing·Style 2011 A A

产品架构的设定对于设计工作是非常重要的前期工作。设定产品价格是为了设计师能够更好地掌握在设计中的辅料应用等成本控制的问题，确定各种产品的数量和比例是为了能够在设计小组之间均衡地分配工作，以免失衡，也为后期的产品销售准备工作确定数据基础。

系列	款式	跟高（cm）	一波（款）
朝九晚五	全帮浅口	7	3
		5	2
		3	2
	前空浅口	7	1
		5	1
		3	1
	后空浅口	7	1
		5	1
		3	1
	凉鞋	7	
		5	
		3	

Amazing·Style 2011 A/A

　　以上为"朝九晚五"系列春夏一波上市具体产品，不难看出此阶段的产品以全帮满口鞋为主，这样的架构设置主要考虑的是初春乍暖还寒的天气情况下大部分消费者的需求。这一阶段没有凉鞋产品，也是出于天气的考量。

色彩架构

夜色诱惑基本色：黑色 、咖啡色、灰色，亮蓝色和肤色的点缀为暗淡的夜色增添诱人目光的亮点。浓与淡的对比，夜与昼的反差。

品牌鞋靴产品策划——从创意到产品

Amazing·Style 2011 A/A

色彩的提炼是根据每个系列图片的颜色产生的。夜色诱惑系列的图片倾向于色彩对比较为强烈的感觉，深色与亮色并存。较为适合多数人对于夜生活状态的产品期望。

朝九晚五基本色：黑色 、灰色，有冷色倾向的不同阶度的灰色，表达现实、秩序、理智和无奈。

Amazing·Style 2011 A/A

色彩提取的比例是根据图片中相应颜色的使用比例而定的，基本上可以直接应用于产品色彩的应用比例，当然也需要根据实际情况适当调整。

郊外周末基本色：绿色、暖灰色、黑色。高彩度的绿、紫、蓝搭配基本的黑色和高明度的粉灰色，轻松中不失稳重，整体的冷色基调带来夏季的清爽感。

Amazing·Style 2011 Al A

郊外周末的色彩更倾向于活泼的浅色，适合消费者在休闲状态的穿着打扮。

配色方案一：主题——夜色诱惑

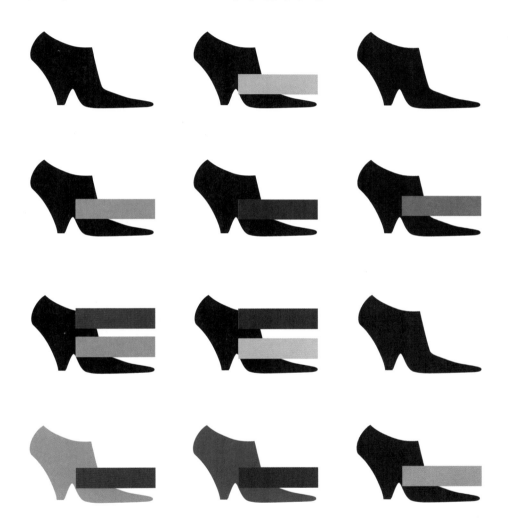

Amazing·Style 2011 A/A

　　根据每个主题的色彩提炼情况，可以提前进行产品的色彩搭配工作。当然根据实际的款式设计情况，色彩搭配可以适当地进行调节，但基本上会遵循这一基本方式。

配色方案二：主题——朝九晚五

品牌鞋靴产品策划——从创意到产品

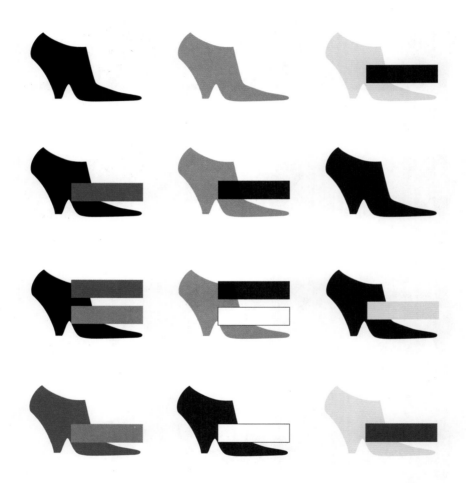

朝九晚五系列的色彩搭配相对来讲较为安静、低调，适合工作场合的需要。

配色方案三：主题——郊外周末

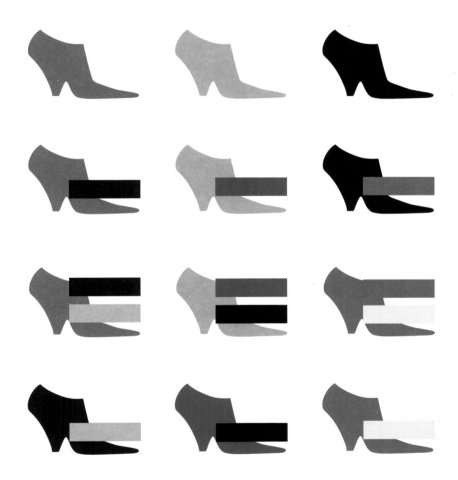

Amazing·Style 2011 Al A

郊外周末系列的色彩搭配较为活泼，用色较大胆，符合消费者的休闲需要。

产品开发——夜色诱惑

跟高9cm

跟高7cm

跟高5cm

Amazing·Style 2011 A/ A

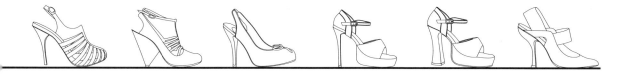

Amazing·Style 2011 A/A

　　夜色诱惑系列的全部产品，其中包括跟高9cm、7cm、5cm三种跟高，满帮鞋、前空鞋、后空鞋、凉鞋四种类型，再加上款式设计上的变化，基本能够满足消费者从入春开始到夏末的所有产品需求。

产品开发——朝九晚五

跟高7cm

跟高5cm

跟高3cm

品牌鞋靴产品策划——从创意到产品

Amazing·Style 2011 Al A

　　朝九晚五系列的全部产品，其中包括跟高7cm、5cm、3cm三种跟高，满帮鞋、前空鞋、后空鞋、凉鞋四种类型。本系列产品主要考虑消费者工作状态的舒适需要，尽量设计款式简约、经典造型、跟底舒适的产品。

产品开发——郊外周末

高帮

中帮

低帮

Amazing·Style 2011 Al A

郊外周末系列的全部产品，其产品主要为适宜周末出游的休闲款式。因为下个季度要取消该产品系列，所以只开发了部分款式，目的是给消费者一个过渡的时间。

产品配色

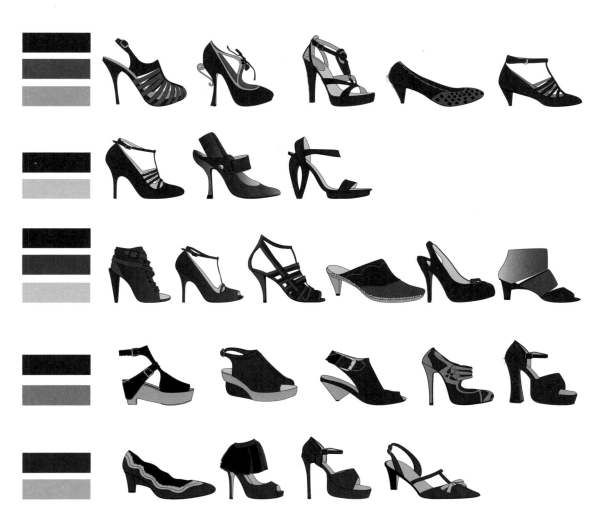

Amazing·Style 2011 A/A

朝九晚五系列的部分产品配色。在采购开始前完成大部分的产品配色，有助于技术部门根据所有产品情况计算每种皮料、辅料的用量，更为采购部门与供应商进行价格博弈提供了数据支持。

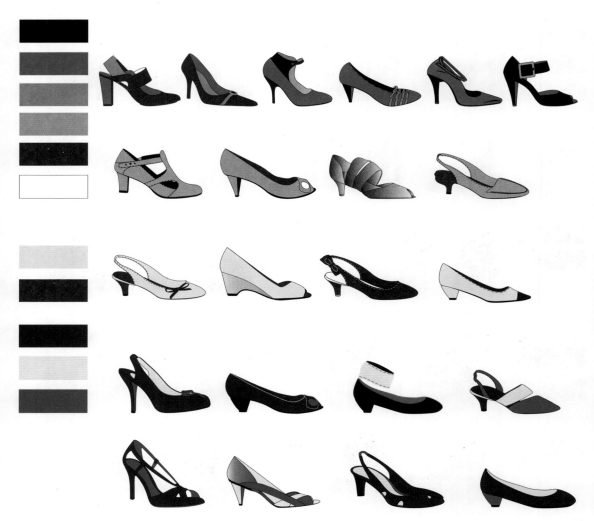

　　朝九晚五系列的部分产品配色。另外，提前做好产品配色的工作也有助于营销部门安排各种产品的展示方法，因为有的展示是根据色彩系列进行的。

Amazing·Style 2011 A/A

郊外周末系列的部分产品配色。本系列的产品色彩相对活泼，适合人们出游时愉悦的心情。

书目：**服装**

书 名	作 者	定价(元)
【服装高等教育"十二五"部委级规划教材】		
女装结构设计与产品开发	朱秀丽　吴巧英	42.00
现代服装材料学(第2版)	周璐瑛　王越平	36.00
运动鞋结构设计	高士刚	39.80
服装生产现场管理(第2版)	姜旺生　杨洋	32.00
新编服装材料学	杨晓旗　范福军	38.00
实用服装专业英语(第2版)	张小良	36.00
【服装高等教育"十二五"部委级规划教材(本科)】		
礼服设计与立体造型	魏静等	39.80
服装工业制板与推板技术	吴清萍　黎蓉	39.80
【普通高等教育"十一五"国家级规划教材】		
毛皮与毛皮服装创新设计(第2版)	刁梅	49.80
服装舒适性与功能(第2版)	张渭源	28.00
服装品牌广告设计	贾荣林　王蕴强	35.00
服装工业制板(第2版)	潘波　赵欲晓	32.00
服装材料学·基础篇(附盘)	吴微微	35.00
服装材料学·应用篇(附盘)	吴微微	32.00
服饰配件艺术(第3版)(附盘)	许星	36.00
时装画技法	邹游	49.80
服装展示设计(附盘)	张立	38.00
化妆基础(附盘)	徐家华	58.00
服装概论(附盘)	华梅　周梦	36.00
服饰搭配艺术(附盘)	王渊	32.00
服装面料艺术再造(附盘)	梁惠娥	36.00
服装纸样设计原理与应用·男装编(附盘)	刘瑞璞	39.80
服装纸样设计原理与应用·女装编(附盘)	刘瑞璞	48.00
中西服装发展史(第二版)(附盘)	冯泽民　刘海清	39.80
西方服装史(第二版)(附盘)	华梅　要彬	39.80
中国服装史(附盘)	华梅	32.00
中国服饰文化(第二版)(附盘)	张志春	39.00
服装美学(第二版)(附盘)	华梅	38.00
服装美学教程(附盘)	徐宏力　关志坤	42.00
针织服装设计(附盘)	谭磊	39.80
成衣工艺学(第三版)(附盘)	张文斌	39.80
服装CAD应用教程(附盘)	陈建伟	39.80
【服装高等教育"十一五"部委级规划教材】		
服装生产经营管理(第4版)	宁俊主编	42.00
艺术设计创造性思维训练	陈莹　李春晓　梁雪	32.00
服装色彩学(第5版)	黄元庆等	28.00

本　科　教　材

书 目：<u>服装</u>

书 名	作 者	定价（元）
服装流行学（第 2 版）	张星	39.80
服装商品企划学（第二版）	李俊　王云仪	38.00
首饰艺术设计	张晓燕	39.80
针织服装结构设计	谢梅娣　赵俐	28.00
服装表演概论	肖彬　张舰	49.80
服装买手与采购管理	王云仪	32.00
服饰图案设计（第 4 版）（附盘）	孙世圃	38.00
服装设计师训练教程	王家馨　赵旭堃	38.00
服装工效学（附盘）	张辉	39.80
服装号型标准及其应用（第 3 版）	戴鸿	29.80
服装流行趋势调查与预测（附盘）	吴晓菁	36.00
服装表演策划与编导（附盘）	朱焕良	35.00
针织服装结构 CAD 设计（附盘）	张晓倩	39.80
服装人体美术基础（附盘）	罗莹	32.00
内衣设计（附盘）	孙恩乐	34.00
成衣立体构成（附盘）	朱秀丽　郭建南	29.80
中国近现代服装史（附盘）	华梅	39.80
服装生产管理与质量控制（第三版）（附盘）	冯冀　冯以玫	33.00
服装生产管理（第三版）（附盘）	万志琴　宋惠景	42.00
服装生产工艺与设备（第二版）（附盘）	姜蕾	38.00
服装市场营销（第三版）（附盘）	刘小红　刘东	36.00
服装商品企划实务（附盘）	马大力	36.00
服装厂设计（第二版）（附盘）	许树文　李英琳	36.00
服装英语（第三版）（附盘）	郭平建　吕逸华	34.00
服装设计教程（浙江省重点教材）	杨威	32.00
服装电子商务	张晓倩	32.00
【普通高等教育"十五"国家级规划教材】		
服装材料学（第 2 版）	王革辉	28.00
服装艺术设计	刘元风　胡月	40.00
服装结构设计	张文斌	36.00
服装色彩学	王蕴强	32.00
中国服装史	袁仄	28.00
服装 CAD 原理与应用	张鸿志	40.00
数字化服装设计与管理	徐青青	39.80
【服装高等教育"十五"部委级规划教材】		
服饰图案设计与应用	陈建辉	36.00
针织服装设计	宋晓霞	39.80
服饰配件艺术	许星	32.00
服装设计表达——时装画艺术	陈闻	39.80

本科教材

书目：服装

书 名	作 者	定价（元）
毛皮与毛皮服装创新设计	刁梅	58.00
服装纸样设计原理与技术——女装编	刘瑞璞	46.00
服装纸样设计原理与技术——男装编	刘瑞璞	28.00
服装舒适性与功能	张渭源	22.00
服装整理学	滑钧凯	29.80
展示设计	张立	38.00
服装营销学	赵平	39.80
服装商品企划学	李俊	28.00
服装流行学	张星	38.00
服装表演策划训练	徐青青	34.00
【高等服装专业教材】		
服装机械原理（第4版）	孙金阶	28.00
服装材料学（第4版）	朱松文 刘静伟	35.00
服装零售学（第2版）	王晓云 李宽 王健	36.00
服装全概念导读	刘国联	36.00
服饰图案	徐雯	24.00
现代绣花图案设计	周李钧	37.00
服装生产工艺与设备	姜蕾	28.00
服装装饰技法	李立新	26.00
时装设计平面展示	张皋鹏	34.00
女装平面结构设计	杜劲松	29.80
服装外贸学	范福军 钟建英	29.80
服装工艺学（结构设计分册）（第三版）	张文斌	32.00
服装工艺学（成衣工艺分册）（第二版）	张文斌	32.00
服装色彩学（第四版）	黄元庆	24.00
服装设计学（第三版）	袁仄	16.00
服装大批量定制	杨青海等	26.00
服装纸样放缩	李晓久	22.00
服装工业制板	潘波	24.00
成衣纸样与服装缝制工艺	孙兆全	35.00
现代服装材料学	周璐瑛	24.00
服装新材料	刘国联	22.00
高等学校毕业设计/论文指导手册·艺术设计卷	北京服装学院	26.00
人体工程学概论	徐军	28.00
服装机械原理（第三版）	孙金阶	20.00
服装电子演示（附盘）	吴卫刚	32.00
服装心理学（第二版）	王文革	24.00
服装心理学概论（第二版）（附盘）	吕逸华 赵平	28.00
服装专业日语	袁观洛	25.00

本

科

教

材

书目：<u>服装</u>

书　名	作　者	定价(元)
【服装专业双语教材】		
时装设计:过程、创新与实践(附盘)	郭平建译	45.00
服装生产概论(第二版)(附盘)	[英]库克林	36.00
图解服装概论(附盘)	张玲	38.00
服装设计师完全素质手册(附盘)	吕逸华译	34.00
英国经典服装板型(附盘)	刘莉译	35.00
【日本文化女子大学服装讲座】		
服装造型学·理论篇	[日]三吉 满智子	48.00
服装造型学·技术篇III(礼服篇)	[日]中屋 典子	36.00
服装造型学·技术篇III(特殊材质篇)	[日]中屋 典子	30.00
服装造型学·技术篇I	[日]中屋 典子	45.00
服装造型学·技术篇II	[日]中屋 典子	48.00
【国际服装丛书·设计】		
时装设计元素:面料与设计	[英]杰妮·阿黛尔著　朱方龙译	49.80
时装·品牌·设计师——从服装设计到品牌运营	[英]托比·迈德斯著　杜冰冰译	45.00
时装设计元素:结构与工艺	[英]安妮特·费舍尔著　刘莉译	49.80
时装设计元素:拓展系列设计	[英]艾丽诺·伦弗鲁　科林·伦弗鲁著　袁燕　张雅毅译	49.80
时装设计元素:时装画	[英]约翰·霍普金斯著　沈琳琳　崔荣荣译	49.80
时装设计元素:款式与造型	[英]西蒙·卓沃斯－斯宾塞	42.00
时装设计	[英]琼斯　张翎译	58.00
时装设计元素:调研与设计	[英]西蒙·希弗瑞特	49.80
时装设计元素	[英]索格·阿黛尔	48.00
色彩预测与服装流行	[英]特蕾西·黛安	34.00
服装设计实务	[韩]李好定	48.00
人体与服装	[日]中泽愈	35.00
时装设计:过程、创新与实践	郭平建译	30.00
时装画技法	[德]A.L. ARNOLD　陈仑	40.00
美国经典时装画技法——基础篇	徐迅译	49.00
美国经典时装画技法——提高篇	[美]史蒂文－斯提贝　尔曼	49.00
服装·产业·设计师(第五版)	苏洁等译	49.00
【国际服装丛书·营销】		
视觉之旅——品牌时装橱窗设计	[英]托尼·摩根著　陈望译	78.00
视觉营销:零售店橱窗与店内陈列	[英]摩根	78.00
时尚买手	[英]海伦·格沃雷克	30.00
全球最佳店铺设计	[美]马丁·M.派格勒	148.00
店面橱窗设计	[美]缪维	42.00
视觉·服装:终端卖场陈列规划	[韩]金顺九　李美荣	48.00

本　科　教　材

书目：服装

书　名	作　者	定价(元)
全程掌控服装营销	[韩]崔彩焕	36.00
服饰零售采购：买手实务(第七版)	[美]杰·戴孟拉	38.00
服装零售成功法则	[美]多丽丝·普瑟	42.00
服装产业运营	[美]伊莱恩·斯通	88.00
【国际服装丛书·生产技术】		
美国时装样板设计与制作教程(上)	[法]海伦·约瑟夫－阿姆斯特朗著　裴海索译	59.80
服装纸样设计原理与应用	[美]欧内斯廷·科博	48.00
男装样板设计	威尼弗　雷德－奥　尔德里	24.00
美国经典服装制图与打板	吴巧英译	22.00
美国经典服装推板技术	[美]珍妮·普赖斯	29.80
美国经典立体裁剪－提高篇	海伦－约瑟夫－阿姆斯特	48.00
图解服装缝制手册	刘恒译	38.00
【国际服装丛书·其他】		
回眸时尚：西方服装简史	[法]格罗	29.80
时尚不死？——关于时尚的终极诘问	[法]多米尼克·古维烈	42.00
定位时尚：服装纺织从业人员职业生涯规划	[英]格沃雷克	32.00
服装设计师创业指南	[美]玛丽·吉尔海厄	29.80
服饰美学	叶立诚	38.00
流行预测	李宏伟译	28.00
服装表演导航	朱迪思－C.埃弗雷特	29.80
中西服装史	叶立诚	128.00
【法国看时尚·时尚看法国】		
时尚手册(二)服饰配件设计	[法]奥利维埃·杰瓦尔著　治棋译	58.00
时尚手册(一)时尚工作室与产品	[法]奥利维埃·杰瓦尔著　郭平建　肖海燕　姚霁娟译	58.00
时尚映像——速写顶级时装大师	[法]弗里德里克·莫里著　治棋　骆巧凤译	68.00
法国新锐时装绘画——从速写到创作	[法]多米尼克·萨瓦尔著　治棋译	49.80
【新编服装院校系列教材】		
成衣纸样与服装缝制工艺(第2版)	孙兆全	39.80
【服装技术应用实践教材】		
服装应用设计	东华大学继续教育学院	29.80
【其他】		
男装款式和纸样系列设计与训练手册	刘瑞璞　张宁	35.00
女装款式和纸样系列设计与训练手册	刘瑞璞　王俊霞	42.00
国际化职业装设计与实务	刘瑞璞　常卫民　王永刚	49.80

注：　若本书目中的价格与成书价格不同，则以成书价格为准。中国纺织出版社图书营销中心门市函购电话：(010)64168110。或登录我们的网站查询最新书目：中国纺织出版社网址：www.c－textilep.com